微波成像雷达信号统计特性
——随机过程理论的应用

徐华平　李春升　张家伟　编著

北京航空航天大学出版社

内 容 简 介

本书在介绍随机过程理论基本概念和微波成像雷达系统模型的基础上,通过分析微波成像雷达回波中频、视频信号以及图像和干涉相位等信号的统计特性,着重阐述了白噪声过程、高斯过程、窄带过程以及随机过程线性变换等概念和方法在工程中的应用。全书共 6 章,各章均配有适量思考题,并有配套软件,供读者深入理解本书的内容。

本书深入浅出、表述简洁、概念清楚、内容新颖,既可作为高等院校相关专业的本科生、研究生的教材或教学参考用书,也可作为通信、雷达、控制等相关领域的科研人员的参考用书。

图书在版编目(CIP)数据

微波成像雷达信号统计特性：随机过程理论的应用 / 徐华平，李春升，张家伟编著. -- 北京 ：北京航空航天大学出版社，2018.9

ISBN 978 - 7 - 5124 - 2807 - 2

Ⅰ. ①微… Ⅱ. ①徐… ②李… ③张… Ⅲ. ①随机过程－应用－微波雷达－成象雷达－雷达信号处理－高等学校－教材 Ⅳ. ①TN958②TN957.51

中国版本图书馆 CIP 数据核字(2018)第 194997 号

微波成像雷达信号统计特性——随机过程理论的应用

徐华平　李春升　张家伟　编著

责任编辑　杨　昕

*

北京航空航天大学出版社出版发行

北京市海淀区学院路 37 号(邮编 100191)　http://www.buaapress.com.cn

发行部电话:(010)82317024　传真:(010)82328026

读者信箱: goodtextbook@126.com　邮购电话:(010)82316936

艺堂印刷(天津)有限公司印装　各地书店经销

*

开本:710×1 000　1/16　印张:8.75　字数:186 千字

2018 年 10 月第 1 版　2018 年 10 月第 1 次印刷　印数:2 000 册

ISBN 978 - 7 - 5124 - 2807 - 2　定价:39.00 元

前　　言

  20 世纪 50 年代提出的合成孔径雷达（Synthetic Aperture Radar，SAR）是一种能够全天时、全天候工作的主动微波成像雷达。它通过距离向脉冲压缩和方位向孔径合成实现二维高分辨率成像，分辨率可达厘米级。随着微波成像雷达载荷和平台技术的迅速发展，大量的 SAR 图像数据被获取，微波成像雷达技术也已成为一项比较成熟的技术。目前，高分辨率 SAR 图像已被广泛应用于军事侦察、地形测绘、灾害监测、环境监控、国土勘测、资源普查、海况监视、海岸监测、大气探测、空间探测、星球探测等，以及军事、陆地、海洋和空间的各个方面。

  为了更好地实现 SAR 图像的应用，必须深入研究 SAR 图像噪声抑制、目标检测、分类与识别等处理方法，而 SAR 图像的统计特性义是 SAR 图像处理和应用的基础。SAR 图像是 SAR 对目标场景的一次观测，或者视为观测量的一个样本。因此，必须利用"随机过程理论"等课程给出的随机信号分析工具对 SAR 图像的统计特性进行分析。而 SAR 图像是目标散射特性通过微波成像雷达系统的获取和成像处理之后的输出，其统计特性归根结底取决于目标场景、微波成像雷达系统和成像处理器的共同作用。因此，为了更逼真、更精确地得到微波成像雷达图像的统计特性，必须从分析目标回波信号统计特性及通过微波成像雷达获取和成像处理后的统计特性变化入手。

  与确定性信号分析不同，随机信号只能分析其在样本空间上表现出来的有规律的群体特性，即统计特性。由于随机信号的许多统计特性不能像确定性信号的取值那样被直接观察和形象描述，因此通常难以理解。另外，研究统计特性的数学工具也比较有限，从而导致 SAR 图像统计特性虽然被广泛应用，但是关于其如何被分析和推导的研究却相对较少。

  本书作者长期从事微波成像雷达系统的性能分析、成像处理、图像处理和应用等方面的研究工作以及"概率论""随机过程理论"等随机信号分析相关课程的教学工作。本书是作者将多年来的科研成果与教学经验相融合编写而成的，结合微波成像雷达系统获取、处理和应用 3 个环节，分析了中频回波信号、视频回波信号、图像信号、干涉信号等信号的统计特性;利用随机过程对信号进行建模,应用窄带过程、高斯过程、白噪声过程等概念以及随机过程通过线性系统等理论,深入浅出地推导了这4种信号的统计特性,并且给出了统计特性在实际图像处理中的应用。

本书以"学习与思考相结合、知识与情景相结合、理论与实际相结合"为理念,注重问题的分析、知识的应用和概念的理解。具体来说,就是在本书的编写过程中力求做到:精准、简练、新颖和系统。

(1)精准。本书给出的微波成像雷达机理和模型均来源于最经典的描述,并且已经在实际工程项目中得到了验证。微波成像雷达系统的数学模型真实地反映了实际工程中的物理工作机理和过程,微波成像雷达信号统计特性的推导结果也利用真实数据进行了验证。同时,第3~6章后面都给出了相应的仿真结果,验证了理论分析的正确性。

(2)简练。本书在微波成像雷达系统的建模过程中,通过集中解决主要问题和问题的主要矛盾,给出了简化而又准确的系统模型。应用随机过程理论知识进行分析的过程中,也采用通俗易懂的最简模型。第1章高度凝练地给出了随机过程的基本概念,第2章给出了微波成像雷达最基本的系统模型,每一章的开始都给出了本章统计特性分析所需的随机过程理论基础知识,力求深入浅出。

(3)新颖。本书的内容主要来自微波成像雷达技术领域中的前沿课题,有些内容来源于作者近年来取得的研究成果。同时,在内容的编排上,从随机过程的基本知识出发,到微波成像雷达信号统计特性的推导,再到雷达信号统计特性在图像处理中的应用,不仅有助于读者掌握信号统计特性的推导过程,而且也便于读者理解随机过程理论的基本概念,明确统计特性在实际中的应用。

(4)系统。本书利用随机过程理论对微波成像雷达从获取、成像处理到图像应用完整链条上的每一步信号的统计特性进行了分析。第2章给出了微波成像雷达的系统模型,第3~6章针对微波雷达地面场景、回波获取、成像处理、干涉处理等各环节的信号统计特性进行了分析,所有章节内容结合在一起构成了微波成像雷达图像统计特性的完整分析过程。

本书可供通信、雷达等相关领域的专业技术人员参考,作为其在微波成像雷达获取、处理和应用等各阶段中的信号统计特性的学习资料;同时也可作为普通高等院校相关专业的本科生、研究生学习随机过程理论的教学参考用书,或者作为专业研讨课的教材和教学参考用书,还可供相关专业的教师阅读参考。

　　随书所附的"《微波成像雷达信号统计特性》配套软件"中主要包括软件的 MATLAB 封装代码和使用说明。配套软件包括"随机过程""数字图像处理""雷达仿真"三个模块,本书中的仿真结果均是采用"雷达仿真"模块得到的。配套软件的运行需要本地安装 MATLAB。

　　配套软件可通过扫描本页的二维码→关注"北航理工图书"公众号→回复"2807"获得下载地址。如有疑问请发送邮件至 goodtextbook@126.com 或拨打 010-82317036 联系图书编辑。

　　本书的第 1 章、第 4 章、第 5 章和第 6 章由徐华平教授编写,第 2 章由王鹏波副教授编写,第 3 章由杨威副教授编写,最后由李春升教授统稿。博士生张家伟参与了第 3 章和第 4 章部分内容的编写工作,博士生杨波和李硕参与了第 5 章和第 6 章的部分仿真工作,硕士生高帅、本科生乔舒浩参与了本书配套软件的开发工作。感谢周荫清教授在本书编写过程中给予的帮助,感谢北京航空航天大学星载 SAR 课题组对本书编写工作的支持。

　　由于作者水平有限,书中难免存在不妥甚至错误之处,恳请各位读者批评指正。

作　者

2018 年 7 月

北航理工图书

目　　录

第1章　随机过程简介

1.1　随机过程的起源与发展

美国著名心理学家 M·斯考特·派克在他的著作《少有人走的路》一书中指出，"生活本身就是不确定的"。正是生活的这种不确定性，使得早在有文字记载的人类文明之初，就开始了对不确定性的研究，这被认为是概率研究的最早阶段。受到数学工具和人们认知的限制，经过近 5 000 年的发展之后，现代概率论中使用的概率的公理化体系才被建立。

一般地，概率论的发展被分为 4 个阶段，如表 1.1 所列，它给出了这 4 个阶段的时间、时代背景、主要代表人物和代表著作，以及所使用的数学分析工具和当时所研究的概率论的内容。

表 1.1　概率论的发展阶段

阶　段	背　景	分析工具	代表人物和代表著作	概率论的主要研究内容
1. 起始萌芽（远古—1653 年）	研究赌博和占卜	骰子、赌板	古希腊学者亚里士多德认为：随机性客观存在	概率的古典定义
2. 早期创立（1654—1811 年）	赌博盛行、保险业兴起、彩票发行	组合与代数	(1) 荷兰数学家惠更斯的《论赌博中的推理》，是概率论史上的第一部著作；(2) 瑞士数学家雅各布·伯努利的著作《猜度术》；(3) 法国数学家棣莫弗的《机遇论》；(4) 英国数学家贝叶斯的贝叶斯假设和贝叶斯公式	古典概率、离散型随机变量
3. 分析概率论（1812—1932 年）	统计物理领域开始使用概率论	特征函数、微分、差分方程	(1) 法国数学家拉普拉斯的《分析概率论》，标志着古典概率的成熟；(2) 法国数学家莱维的《概率计算》；(3) 法国数学家庞加莱、博雷尔，苏联数学家伯恩斯坦，奥地利数学家米泽斯等对公理化体系的研究	公理化体系探讨、连续型随机变量

阶　段	背　景	分析工具	代表人物和代表著作	概率论的主要研究内容
4. 现代概率论（1933—今）	集合论、勒贝格测度等现代数学的发展	实变函数论、集合论和测度论	（1）苏联数学家科尔莫戈罗夫的《概率论基础》完成了概率公理化体系的构建；（2）日本数学家伊藤清建立了随机分析学	公理化体系的构建、数理统计、随机过程、随机分析学

区分这 4 个阶段的 3 个里程碑式的事件如下：

（1）1654 年夏天，法国数学家、物理学家帕斯卡和数学家费马之间互通了 7 封信件，即著名的"帕-费通信"。在这之后，概率真正地从游戏中解脱出来，成为一门数学学科。

（2）1812 年，拉普拉斯的《分析概率论》出版，给出了古典概率的定义，将差分方程等数学工具引入到概率论的分析中。之后，17—18 世纪发展起来的数学解析分析方法被用于概率的研究中，促使概率向公式化方向发展。

（3）1933 年，科尔莫戈罗夫的著作《概率论基础》出版，给出了概率论的公理化定义，开启了公理化体系框架下的研究。之后的现代概率论阶段，概率被广泛应用于诸多领域，数理统计和随机过程逐渐成熟并发展为新的数学分支。

1.1.1　随机试验与随机事件

在讨论概率论的具体概念发展之前，先给出有关其研究对象随机试验和随机事件的相关定义。

定义 1.1　随机试验：任何理论的应用都有其限定范围，随机试验 E 是概率论应用的限定对象，它是指满足以下限定条件的随机现象：

（1）试验可重复性，在相同条件下可以重复进行；

（2）结果不确定性，每次试验的结果事先不能知道；

（3）样本可确定性，每次试验的所有可能结果事先确定。

利用概率来开展统计特性研究的随机现象都默认满足以上 3 个条件。

定义 1.2　随机事件：随机试验的每一个可能结果被称为随机事件，常用大写字母 A、B、C 等表示。

定义 1.3　样本点与样本空间：最简单的事件被称为基本事件或者样本点，所有样本点的集合被称为样本空间 Ω。

对于一个随机试验，必然有一个确定的样本空间存在，所有关于统计规律性的讨论都在其样本空间上进行。

考虑到 Ω 是所有基本事件的集合，所以它也被称为确定性事件。不包含任何可能结果的空集 $\varnothing$ 被称为不可能事件。样本空间 Ω 上所有随机事件的集合被称为 Ω

的一个博雷尔事件体 $\mathfrak{F}$，即 $\mathfrak{F}=\{A, A\subseteq\Omega\}$。

和事件 $A+B$ 是指事件 A 或者事件 B 发生；积事件 $A\cdot B$ 是指事件 A 与事件 B 均发生；补事件 $\overline{A}$ 是指在样本空间上事件 A 不发生；互不相容事件 $A\cdot B=\varnothing$ 是指其中一个发生，另一个必然不发生；差事件 $A-B$ 是指事件 A 发生且事件 B 不发生。

1.1.2　概率公理化定义的提出

古典概率起源于赌博。17 世纪的欧洲，赌博盛行，但是在赌博过程中经常因为各种意外的事件使得赌局无法完成，这便存在着未完成赌局的"赌资分配"问题。法国贵族赌徒德·梅尔在一次旅行中遇到法国神童帕斯卡，便向他请教有关赌博的一些问题，其中包括著名的"赌资分配"问题。

"赌资分配"问题：赌博双方甲和乙各出资 32 枚金币玩掷骰子的游戏，先掷出 3 个 6 点的为赢家，赢得 64 枚金币。但是当甲掷出 2 个 6 点，乙掷出 1 个 6 点时，游戏被迫终止。此时应如何分配这 64 枚金币？

帕斯卡对这个问题非常感兴趣，他就此写信给费马，讨论赌资如何分配才更加合理。他们两人将赌博问题转变为数学问题，用排列组合理论给出了正确的答案。

1657 年，惠更斯结合自己的独立思考和"帕-费"通信讨论的问题，出版了《论赌博中的推理》，该书是第一部关于概率论的著作，在欧洲作为概率论的教材 50 余年。在惠更斯该著作的基础上，1713 年雅各布·伯努利的《猜度术》对它进行了注解，并建立了第一个大数定理；1733 年棣莫弗的《机遇论》由二项分布的逼近推导出了正态分布的概率密度函数表达式；1812 年拉普拉斯在《分析概率论》中给出了古典概率的定义。

定义 1.4　古典概率：若随机试验 E 只有有限的 n 个基本事件，且每个基本事件的发生是等可能的，若事件 A 由 k 个基本事件组成，则事件 A 的古典概率定义为

$$P(A)=\frac{k}{n} \tag{1.1.1}$$

拉普拉斯不仅给出了概率的古典定义，还在棣莫弗研究的基础上，证明了二项分布收敛于正态分布的棣莫弗-拉普拉斯极限定理，开创了连续型随机变量的概率问题研究。他研究了蒲丰投针问题，奠定了概率几何定义的基础。但是仍在假设等可能性的条件下，以随机事件的几何尺寸与样本空间的几何尺寸之比来定义概率。

蒲丰投针问题：平面上布满了等间距的一些平行线，向此平面投一根一定长度的针，求此针与任一平行线相交的概率。

拉普拉斯给出了概率论的理论系统之后，很多学者都致力于概率论的研究。在拉普拉斯研究的基础上，人们进行投针试验，通过重复试验，以某事件发生频率的极限来定义概率，这便是概率的统计定义。

作为拉普拉斯的学生，法国数学家泊松致力于对拉普拉斯相关理论的解释、修正和推广，扩展了拉普拉斯的二项分布理论，证明了在一定情况下，二项分布的极限是

泊松分布。在伯努利大数定理之后,泊松、马尔可夫、切比雪夫等对大数定理都进行了研究。

此时期,人们发现很多随机现象都不具备古典概率和几何概率定义要求的等可能性,最为著名的便是法国数学教授贝特朗提出的贝特朗悖论。

贝特朗悖论:在半径为 1 的圆内随机给出一条弦,其长超过圆内接正三角形边长 $\sqrt{3}$ 的概率:(1)利用弦与圆心的距离小于 1/2 来求取,则概率为 1/2;(2)以弦的一个端点作为内接正三角形的一个顶点,在圆上变化弦的另一个端点,以该端点落在此顶点对边对应的圆弧段内求取,则概率为 1/3。

上述悖论中的几何概率均是应用了"等可能"的假设,该假设的不成立而产生了矛盾。因此,必须要求对概率论的逻辑给出更严密的定义。受 19 世纪末期数学公理化思潮的影响,人们试图找出概率的公理化定义。最早是 1851 年,布尔认为应该让概率"具有公理特性";随后 1900 年,希尔伯特在国际数学大会上呼吁"概率论的公理化";1927 年,伯恩斯坦在著作《概率论》中给出了初步的概率论公理体系,该体系存在着致命的弱点——"概率是推导出来的,而不是固有的"。

随着集合论、测度论等现代数学理论的发展,人们认识到事件的概率与集合的测度有相同的性质。1905 年,博雷尔建议将测度论引入概率论的研究中。在前人研究的基础上,科尔莫格罗夫经过十余年的研究,出版了划时代的著作《概率论基础》,给出了概率的公理化体系,并一直沿用至今。

定义 1.5　概率的公理化定义:科尔莫格罗夫以下面 5 个公理为基础,给出了概率的定义:

(1)给定随机试验 E,存在着试验所有可能结果的集合——样本空间 Ω,以及所有样本空间子集的集合 $\mathfrak{F}$,$\mathfrak{F}$ 的每一个元素都是随机事件;

(2)对于任一随机事件 $A \in \mathfrak{F}$,定义测度函数 $P(A)$,且 $P(A) \geqslant 0$;

(3)对于概率测度 $P(\cdot)$,必须满足 $P(\Omega) = 1$;

(4)对于互不相容事件 A 和 B,有 $P(A+B) = P(A) + P(B)$;

(5)对于互不相容事件 $A_1, A_2, \cdots, A_n, \cdots$,有 $P\left(\sum_{i=1}^{\infty} A_i\right) = \sum_{i=1}^{\infty} P(A_i)$。

概率是在大数定理成立的前提下定义出来的。大数定理给出:随机试验重复足够多的次数,其结果中存在着确定的统计规律。也就是说,概率是存在的,并且是确定性的。若不做特殊说明,本书所提到的概率均指公理化体系下的概率,常简化如下。

定义 1.6　概率:给定一个随机试验 E,存在一个样本空间 Ω 及其博雷尔事件体 $\mathfrak{F}$,如果有定义在 $\mathfrak{F}$ 上的一个实函数 $P(A)$,$A \in \mathfrak{F}$,满足以下条件:

(1)非负性:$P(A) \geqslant 0$;

(2)确定性:$P(\Omega) = 1$;

（3）可加性：对于互斥事件 $A_1, A_2, \cdots, A_n, \cdots, A_i \cdot A_j = \varnothing, i \neq j$，有

$$P\left(\sum_{i=1}^{\infty} A_i\right) = \sum_{i=1}^{\infty} P(A_i) \tag{1.1.2}$$

则称 $P(A)$ 为概率测度或者概率。

一个随机试验 E 的 3 个要素样本空间 Ω、博雷尔事件体 $\mathfrak{F}$ 和概率 P 常被合在一起称为随机试验 E 的概率空间，记为 $(\Omega, \mathfrak{F}, P)$。

定义 1.7 　条件概率：对于概率空间 $(\Omega, \mathfrak{F}, P)$，令 $A, B \in \mathfrak{F}, P(A) > 0$，则在事件 A 发生的条件下，事件 B 发生的条件概率 $P(B \mid A)$ 被定义为

$$P(B \mid A) = \frac{P(A \cdot B)}{P(A)} \tag{1.1.3}$$

条件概率是概率的一种，它具有概率定义中的所有性质。条件概率反映了不同事件之间的相互影响。如果 A, B 互斥，即它们不可能同时发生，则有 $P(B \mid A) = 0$；如果 $A \subseteq B$，即 A 发生则 B 一定发生，则有 $P(B \mid A) = 1$。

如果 A 的发生对 B 的发生没有任何影响，则有 $P(B \mid A) = P(B)$，即 A 与 B 在统计意义下相互独立。为了避免除数为 0 必须要求 $P(A) > 0$，一般地，将独立性的定义用乘法形式表示。

定义 1.8 　统计独立性：对于概率空间 $(\Omega, \mathfrak{F}, P)$，令 $A, B \in \mathfrak{F}$，若有

$$P(A \cdot B) = P(A) \cdot P(B) \tag{1.1.4}$$

则称事件 A 与事件 B 相互统计独立。

对于概率空间 $(\Omega, \mathfrak{F}, P)$ 上的 n 个事件 $X_1, X_2, \cdots, X_n$，它们的统计独立性要求必须满足以下条件：

$$P(A_{i_1} \cdots A_{i_k}) = P(A_{i_1}) \cdots P(A_{i_k}), \quad i_1, \cdots, i_k = 1, \cdots, n, \quad 2 \leqslant k \leqslant n \tag{1.1.5}$$

> **思考题**：试比较条件概率 $P(B \mid A)$ 与概率 $P(B)$ 的大小，并依此来分析在统计意义下事件之间的相互影响。

1.1.3 　随机过程的提出和发展

早在拉普拉斯解决的"赌徒输光"问题中，就蕴含着随机过程的概念。确切地说，它就是一个离散的随机序列，是一组离散随机变量的集合。

赌徒输光问题：赌徒甲和乙各有钱 a 元和 b 元，每局比赛输方给赢方一元，甲、乙每局获胜的概率分别为 p, q，求赌徒甲在 n 局内输光的概率。

而推动随机过程发展的主要是物理学研究的需求。例如，吉布斯、玻耳兹曼、庞加莱等对统计力学的研究，爱因斯坦、维纳、莱维等对布朗运动的研究。

1906 年,马尔可夫在他的一篇论文中,即在研究相依随机变量序列时,首次构建了马尔可夫链的数学模型。考虑到连续时间,科尔莫格罗夫将马尔可夫链扩展为马尔可夫过程,奠定了马尔可夫过程的理论基础。随后,辛钦发表了《平稳随机过程的相依理论》,开启了随机过程平稳性的探讨。

1905 年,爱因斯坦开始利用概率模型研究布朗运动;1923 年,维纳首次给出了布朗运动的数学定义,并证明了布朗运动轨道的连续性。基于布朗运动的实际物理模型,1948 年,莱维的著作《随机过程和布朗运动》提出了独立增量过程的一般理论。

日本数学家伊藤清于 1942 年给出了随机积分和微分方法,并研究了马尔可夫过程的特殊情况——扩散过程,1951 年建立了关于布朗运动的随机微分方程。1953 年,杜布的著作《随机过程论》出版,该书系统地叙述了随机过程的基本理论,并创立了鞅论。

1.2 随机变量

用随机事件的概率来研究随机试验结果的统计规律性,因为样本空间的多样性,有的样本空间不是数字形式,所以导致系统地进行数学分析比较困难。因此,就需要将所有随机试验的样本空间 Ω 都投影到一个统一的样本空间上。为了简单起见,通常选择整个实数域 **R** 作为这个统一的样本空间。根据投影关系 X,原样本空间上的随机事件 A 将对应着实数域空间上的一个随机事件 $X(A)$,因此,通过对 $X(A)$ 统计特性的研究就能够得到 A 的统计规律性,从而可以实现对随机试验统计规律性的认知。

在给定了实数域 **R** 这个统一的样本空间之后,所有概率论、随机变量以及随机过程等研究随机现象的数学理论体系都着重讨论实数域样本空间上统计规律性的研究。如何寻找投影关系,将现实中的随机试验样本空间投影到实数域,则是工程领域需要探讨的问题。

1.2.1 定 义

定义 1.9 随机变量:给定一个随机试验 E,其概率空间为 $(\Omega, \mathscr{F}, P)$。定义在 $\mathscr{F}$ 上的实函数 $X(A), A \in \mathscr{F}$,如果对于任意的实数 x,有概率 $P[X(A) \leqslant x]$ 存在,则 $X(A)$ 为随机变量,常简写为 X。

可以看出,随机变量实质上是一个函数,将其称为"变量"是延续了最初概率相关资料上的习惯用语。另外,当随机变量定义出来之后,如何寻找这一函数关系将现实中的样本空间投影到实数域并不是数学界需要关心的问题,在数学上仅仅将其当作一个变量使用。

1.2.2　随机变量的概率分布函数

从定义 1.9 可以看出,对于随机变量 X,概率 $P(X \leqslant x)$ 一定存在,因此其被定义为表征 X 统计特性的最基本的量。

定义 1.10　概率分布函数:对于随机变量 X,定义

$$F_X(x) \xlongequal{\text{def}} P(X \leqslant x), \quad x \in \mathbf{R} \tag{1.2.1}$$

为 X 的概率分布函数。

$F_X(x)$ 是从数学角度引入的一个量,用来描述统计特性,对于任意的随机变量 X,它一定存在。但是因为 $X \leqslant x$ 不能直接表示基本事件,在实际问题的研究中,$F_X(x)$ 使用起来比较抽象。因此,一般情况下,连续型随机变量的统计特性常用概率密度函数表示,离散型随机变量的统计特性常用概率分布来表示。

定义 1.11　概率密度函数:对于样本点连续的连续型随机变量 X,概率密度 $f_X(x)$ 定义为概率分布函数在样本上的导数,即

$$f_X(x) \xlongequal{\text{def}} \frac{\mathrm{d}F_X(x)}{\mathrm{d}x}, \quad x \in \mathbf{R} \tag{1.2.2}$$

由式(1.2.2)容易得到

$$F_X(x) = \int_{-\infty}^{x} f_X(s)\mathrm{d}s, \quad x \in \mathbf{R} \tag{1.2.3}$$

定义 1.12　概率分布:对于样本可列的离散型随机变量 X,每个样本点 $x_i(i=1,2,\cdots)$ 对应的概率为

$$p_i = P(X = x_i), \quad x_i \in \mathbf{R}, \quad i = 1,2,\cdots \tag{1.2.4}$$

表示 X 的概率在样本点上的分布,因此称为 X 的概率分布或者概率分布列。

根据式(1.2.4),对于离散型随机变量 X,有

$$F_X(x) = \sum_{x_i \leqslant x} P(X = x_i), \quad x, x_i \in \mathbf{R} \tag{1.2.5}$$

实际上很多问题都需要用多个随机变量来进行描述,因此需要联合概率分布函数、联合概率密度函数以及联合概率分布等对多维随机变量的统计特性进行描述。

定义 1.13　n 维联合概率分布函数:对于 n 维随机变量 $\mathbf{X} = [X_1, X_2, \cdots, X_n]$,其 n 维联合概率分布函数定义为

$$F_X(x_1, x_2, \cdots, x_n) \xlongequal{\text{def}} P(X_1 \leqslant x_1, X_2 \leqslant x_2, \cdots, X_n \leqslant x_n), \quad x_1, \cdots, x_n \in \mathbf{R} \tag{1.2.6}$$

定义 1.14　n 维联合概率密度函数:对应的 n 维连续随机变量的联合概率密度函数 $f_X(x_1, x_2, \cdots, x_n)$ 为

$$f_X(x_1, x_2, \cdots, x_n) \xlongequal{\text{def}} \frac{\partial^n F_X(x_1, x_2, \cdots, x_n)}{\partial x_1 \partial x_2 \cdots \partial x_n}, \quad x_1, \cdots, x_n \in \mathbf{R} \tag{1.2.7}$$

定义 1.15　n 维联合概率:对于离散型 n 维随机变量,有 n 维联合概率为

$$p_X(x_1, x_2, \cdots, x_n) = P(X_1 = x_1, X_2 = x_2, \cdots, X_n = x_n), \quad x_1, \cdots, x_n \in \mathbf{R}$$

$$(1.2.8)$$

对应于条件概率,可以定义出在事件 $Y \in A$ 发生的条件下,X 的条件概率分布函数为

$$F_{X|Y \in A}(x \mid Y \in A) \xlongequal{\text{def}} P(X \leqslant x \mid Y \in A) = \frac{P(X \leqslant x, Y \in A)}{P(Y \in A)}, \quad x \in \mathbf{R}$$

$$(1.2.9)$$

其中,$P(Y \in A) > 0$。

在事件 $Y \in A$ 发生的条件下,连续型随机变量 X 的条件概率密度函数定义为

$$f_{X|Y \in A}(x \mid Y \in A) \xlongequal{\text{def}} \frac{\mathrm{d}F_{X|Y \in A}(x \mid Y \in A)}{\mathrm{d}x}, \quad x \in \mathbf{R} \quad (1.2.10)$$

在式(1.2.10)中,令事件 $A = [y, y + \Delta y]$,并对 $\Delta y \to 0$ 取极限,则得到 $Y = y$ 的条件下,连续型随机变量 X 的条件概率密度函数 $f_{X|Y}(x|y)$ 为

$$f_{X|Y}(x \mid y) = f_{X|Y=y}(x \mid Y = y) = \lim_{\Delta y \to 0} f_{X|Y \in A}(x \mid Y \in [y, y + \Delta y])$$

$$= \frac{\mathrm{d}\left[\dfrac{\displaystyle\int_{-\infty}^{x} f_{X,Y}(s, y) \mathrm{d}x \, \Delta y}{f_Y(y) \Delta y}\right]}{\mathrm{d}x}$$

$$= \frac{f_{X,Y}(x, y)}{f_Y(y)}, \quad x, y \in \mathbf{R} \quad (1.2.11)$$

当随机变量 Y 在其样本空间上的取值对随机变量 X 的取值没有任何影响时,也就是说,$F_{X|Y \in A}(x|Y \in A) = F_X(x)$,则它们之间是统计独立的。

定义 1.16　随机变量的统计独立:对于 n 维随机变量 $\mathbf{X} = (X_1, X_2, \cdots, X_n)^{\mathrm{T}}$,若有

$$F_X(x_1, x_2, \cdots, x_n) = F_{X_1}(x_1) F_{X_2}(x_2) \cdots F_{X_n}(x_n), \quad x_1, \cdots, x_n \in \mathbf{R}$$

$$(1.2.12)$$

则称 $X_1, X_2, \cdots, X_n$ 之间具有统计独立性。

类似地,对于连续型随机变量,其统计独立性可以由概率密度函数定义为

$$f_X(x_1, x_2, \cdots, x_n) = f_{X_1}(x_1) f_{X_2}(x_2) \cdots f_{X_n}(x_n), \quad x_1, \cdots, x_n \in \mathbf{R}$$

$$(1.2.13)$$

而离散型随机变量的统计独立性亦可由其概率分布表示为

$$P(X_1 = x_1, X_2 = x_2, \cdots, X_n = x_n) = P(X_1 = x_1) P(X_2 = x_2) \cdots P(X_n = x_n)$$

$$(1.2.14)$$

> **思考题：** 试说明为什么 n 个事件之间的独立性必须要求任意 $k \leqslant n$ 个事件的联合概率等于各自概率的乘积，如式(1.1.5)；而 n 个离散型随机变量之间的统计独立性只需要 n 个变量的联合概率等于各自概率的乘积，如式(1.2.14)。

在现实中的很多情况下，n 维随机变量 $\boldsymbol{Y} = (Y_1, Y_2, \cdots, Y_n)^{\mathrm{T}}$ 的联合概率分布特性是不知道的，但是已知它是另一个 n 维随机变量 $\boldsymbol{X} = (X_1, X_2, \cdots, X_n)^{\mathrm{T}}$ 的函数，且函数关系式能够给出。这便提出一个问题，如何求取一个已知概率分布的随机变量函数的概率分布。

对于离散型随机变量，可以根据函数关系式，将随机变量 $\boldsymbol{Y}$ 样本空间上的取值转换为 $\boldsymbol{X}$ 样本空间上的取值，从而根据 $\boldsymbol{X}$ 的概率求出 $\boldsymbol{Y}$ 的概率分布。

对于连续型随机变量函数的概率密度函数的求取，可以由统一的公式表示。令函数关系式为

$$\boldsymbol{Y} = \begin{bmatrix} Y_1 \\ \vdots \\ Y_n \end{bmatrix} = \begin{bmatrix} g_1(X_1, \cdots, X_n) \\ \vdots \\ g_n(X_1, \cdots, X_n) \end{bmatrix} = \boldsymbol{G}(\boldsymbol{X}) \tag{1.2.15}$$

其逆函数为

$$\boldsymbol{X} = \begin{bmatrix} X_1 \\ \vdots \\ X_n \end{bmatrix} = \begin{bmatrix} h_1(Y_1, \cdots, Y_n) \\ \vdots \\ h_n(Y_1, \cdots, Y_n) \end{bmatrix} = \boldsymbol{H}(\boldsymbol{Y}) \tag{1.2.16}$$

则有

$$f_Y(y_1, y_2, \cdots, y_n) = f_X[h_1(y_1, \cdots, y_n), \cdots, h_n(y_1, \cdots, y_n)] \cdot |J| \tag{1.2.17}$$

其中，雅克比行列式 J 定义为

$$J = \begin{vmatrix} \dfrac{\partial x_1}{\partial y_1} & \cdots & \dfrac{\partial x_1}{\partial y_n} \\ \vdots & & \vdots \\ \dfrac{\partial x_n}{\partial y_1} & \cdots & \dfrac{\partial x_n}{\partial y_n} \end{vmatrix} \tag{1.2.18}$$

当 $n = 1$ 时，根据式(1.2.17)有

$$f_Y(y) = f_X[h(y)] \cdot \left| \dfrac{\partial x}{\partial y} \right| \tag{1.2.19}$$

1.2.3　随机变量的数字特征

概率分布函数、概率密度函数与概率一样，都是对随机变量统计特性的精细描

述。但是在很多实际问题中,概率值很难给出,因此概率分布函数和概率密度函数也很难给出。而在实际工程中,很多时候只需要了解随机变量的某些统计平均值,就能粗略地刻画出随机量的统计特性。这些统计平均值就是随机量的数字特征。

统计平均,顾名思义,指的是统计意义下的平均,是指样本加权描述统计特性的物理量之后取平均,常被称为数学期望,定义如下:

定义 1.17   数学期望:随机变量 X 的数学期望被定义为

$$E(X) \xlongequal{\text{def}} \int_{-\infty}^{\infty} x \, \mathrm{d}F_X(x) \qquad (1.2.20)$$

可以看出,数学期望或统计平均,就是对样本的加权平均,式(1.2.20)用积分来表示求平均,所加的权值是描述统计特性的概率分布函数。

对于连续型随机变量有

$$E(X) = \int_{-\infty}^{\infty} x f_X(x) \mathrm{d}x \qquad (1.2.21)$$

对于离散型随机变量则有

$$E(X) = \sum_i x_i P(X = x_i) \qquad (1.2.22)$$

由上述数学期望运算定义出来的随机变量的统计特性也被称为矩特性。

定义 1.18   原点矩和中心矩:一维随机变量 X 的 n 阶原点矩被定义为

$$\alpha_X^n \xlongequal{\text{def}} E(X^n) \qquad (1.2.23)$$

n 阶中心矩被定义为

$$\beta_X^n \xlongequal{\text{def}} E\{[X - E(X)]^n\} \qquad (1.2.24)$$

而对于多个随机变量,描述它们之间联合统计特性的统计平均值由混合矩来表示。

定义 1.19   混合原点矩和混合中心矩:以两个随机变量 X 和 Y 为例,它们的 $n+m$ 阶混合原点矩定义为

$$\alpha_X^{n+m} = E(X^n Y^m) \qquad (1.2.25)$$

$n+m$ 阶混合中心矩定义为

$$\beta_X^{n+m} = E\{[X - E(X)]^n [Y - E(Y)]^m\} \qquad (1.2.26)$$

实际中常用到的矩特性主要是前两阶矩,一维随机变量的一阶矩和二阶矩都有其特定的名称和物理意义。

定义 1.20   均值:随机变量 X 的均值 m_X 是 X 的一阶原点矩,即

$$m_X = E(X) \qquad (1.2.27)$$

它就是 X 本身的数学期望,因此有些书中也常将均值称为期望值。均值表示 X 随机取值的中心。如果 X 是一个测量误差,则 m_X 表示测量值与真值的固定偏差。

定义 1.21   方差:随机变量 X 的方差 $D(X)$ 是 X 的二阶中心矩,即

$$D(X) = E[(X - m_X)^2] \qquad (1.2.28)$$

它表示 X 偏离其均值的程度。考虑到量纲一致问题，常将方差进行开方来表示其偏离度。$\sigma_X = \sqrt{D(X)}$ 被称为均方差或者标准差。对于测量误差 X，σ_X 表征随机误差偏离中心的程度。

定义 1.22　均方值：随机变量 X 的二阶原点矩被称为均方值，即

$$\alpha_X^2 = E(X^2) \tag{1.2.29}$$

根据式(1.2.28)和式(1.2.29)可以很容易看出，$E(X^2) = D(X) + m_X^2$，因此，对于测量误差 X，$E(X^2)$ 表征总误差。同样考虑量纲的问题，常对均方值进行开方表示总误差，即均方根。

> **思考题**：试在生活中找一个事例，将其用随机变量进行建模，并给出均值、方差、均方值，体会这 3 个量所代表的物理含义。

对于两个随机变量 X 和 Y，它们之间统计意义下的关系也能够用混合矩来表示。

定义 1.23　互相关：X 和 Y 的 $1+1$ 阶混合原点矩被称为相关，即

$$\alpha_X^{1+1} = E(XY) \tag{1.2.30}$$

定义 1.24　协方差：定义为 X 和 Y 的 $1+1$ 阶混合中心矩，即

$$\text{cov}(X,Y) = \beta_X^{1+1} = E[(X - m_X)(Y - m_Y)] \tag{1.2.31}$$

互相关和协方差都描述了 X 和 Y 的统计相关性，但是 $E(XY) = \text{cov}(X,Y) + m_X m_Y$，可知互相关的大小会受到均值的影响，因此互相关只能表征随机量之间相关性的相对大小。而协方差的大小亦会受到方差的影响，因此它也仅能表示相关性的相对大小。相关性的绝对大小由相关系数来表示。

定义 1.25　相关系数：X 和 Y 的相关系数 $\rho_{X,Y}$ 定义为

$$\rho_{X,Y} = \frac{\text{cov}(X,Y)}{\sqrt{D(X)D(Y)}} \tag{1.2.32}$$

> **思考题**：试说明在什么情况下可以用互相关描述随机变量之间的相关性，什么情况下可以用协方差，什么情况下必须用相关系数。

1.3　随机过程的基本概念

实际中，在很多情况下，随机现象与时间有关，因此需要用一族与时间有关的随机变量来进行建模。为了便于研究统计特性在时间上的变化，或者不同时刻随机量之间关系的统计特性，从而引入了随机过程。

1.3.1　定　义

定义 1.26　随机过程：随机过程是指依赖于时间参数 $t \in T$ 的一族随机变量的集合 $\{X(t), t \in T\}$，即给定概率空间为 $(\Omega, \mathfrak{F}, P)$，对于任一时刻 $t \in T$，都有定义在实数样本空间上的随机变量 $\{X(t, e), e \in \Omega\}$ 与之对应，因此随机过程的完整表达式为 $\{X(t, e), t \in T, e \in \Omega\}$，常被简写为 $X(t)$。

考虑到随机变量本身是随机试验样本点的函数，随机过程实质上为两个变量 $t \in T, e \in \Omega$ 的函数。"过程"反映了其随时间的变化，而"随机"则反映了其随样本的变化。给定时间 $t = t_0$，随机过程退化为随机变量 $X(t_0)$；给定样本 $e = e_0$，随机过程退化为样本函数 $x(t)|_{e=e_0}$。因此，随机过程不仅可以理解为随机变量的集合 $\{X(t), t \in T\}$，而且也可以理解为是一组样本函数的集合 $\{\{x(t), t \in T\}, e \in \Omega\}$。

1.3.2　随机过程的统计特性

与随机变量统计特性描述方法类似，随机过程的统计特性也可以从概率分布和数字特征两个方面进行描述。同样，概率分布函数是从数学角度定义出来的，均可用于离散和连续随机过程。实际中则主要用概率密度函数描述连续随机过程的统计特性，而用概率描述离散随机过程的统计特性。

1. 随机过程的概率分布

根据定义 1.26，既然随机过程是一族随机变量的集合，因此它的统计特性可以用随机变量集合的概率分布特性来表示。目前，概率分布仅能描述有限个随机量的联合分布，因此只能给出随机过程的任意有限维分布。

定义 1.27　随机过程 $X(t)$ 的 n 维概率分布函数：对于随机过程 $X(t)$，给定 $\forall t_1, t_2, \cdots, t_n \in T$，对应的随机变量为 $X(t_1), X(t_2), \cdots, X(t_n)$，这 n 个随机变量的联合概率分布函数就是 $X(t)$ 的 n 维概率分布函数，即

$$F_X(x_1, t_1; x_2, t_2; \cdots; x_n, t_n) = P[X(t_1) \leqslant x_1; X(t_2) \leqslant x_2; \cdots; X(t_n) \leqslant x_n]$$

$$(1.3.1)$$

对于连续型随机过程 $X(t)$，则有 n 维概率密度函数为

$$f_X(x_1, t_1; x_2, t_2; \cdots; x_n, t_n) = \frac{\partial^n F_X(x_1, t_1; x_2, t_2; \cdots; x_n, t_n)}{\partial x_1 \partial x_2 \cdots \partial x_n} \quad (1.3.2)$$

而对于离散型随机过程 $X(t)$，则有 n 维概率为

$$p_X(x_1, t_1; x_2, t_2; \cdots; x_n, t_n) = P[X(t_1) = x_1; X(t_2) = x_2; \cdots; X(t_n) = x_n]$$

$$(1.3.3)$$

可以看出，随机过程的 n 维分布不仅是 n 个样本的函数，而且也是 n 个时刻点的函数，也就是说它的统计特性与时间有关。这是随机过程与随机变量不同的地方。

理论上看，任意有限维分布无法完全描述随机过程的统计特性，尤其是对于时间连续的随机过程，显然有任意近的两个时刻点之间一定存在着其他的时刻点，但因无

法用有限个随机变量表征随机过程,所以也无法用有限个随机变量的统计特性来完全描述随机过程的统计特性。实际应用中,因为当两个时刻点足够近时,对应的随机变量之间有着一定的关系,因此有限维分布足以满足实际中对随机过程统计特性的研究。

同样,可以用多个随机变量的联合分布描述多个随机过程的联合分布。下面以两个随机过程为例来进行分析。

定义 1.28　随机过程的联合概率分布函数:对于两个随机过程 $X(t)$ 和 $Y(t)$,给定 $\forall t_1, t_2, \cdots, t_m \in T$ 和 $\forall s_1, s_2, \cdots, s_n \in T$,对应的随机变量为 $X(t_1), X(t_2), \cdots, X(t_m)$ 和 $Y(s_1), Y(s_2), \cdots, Y(s_n)$,这 $m+n$ 个随机变量的联合概率分布函数就是 $X(t)$ 和 $Y(t)$ 的 $m+n$ 维联合概率分布函数,即

$$F_{X,Y}(x_1, t_1; \cdots; x_m, t_m; y_1, s_1; \cdots; y_n, s_n) =$$
$$P[X(t_1) \leqslant x_1; \cdots; X(t_m) \leqslant x_m; Y(s_1) \leqslant y_1; \cdots; Y(s_n) \leqslant y_n] \quad (1.3.4)$$

对于连续型随机过程 $X(t)$ 和 $Y(t)$,则有 $m+n$ 维联合概率密度函数为

$$f_{X,Y}(x_1, t_1; \cdots; x_m, t_m; y_1, s_1; \cdots; y_n, s_n) =$$
$$\frac{\partial^{m+n} F_{X,Y}(x_1, t_1; \cdots; x_m, t_m; y_1, s_1; \cdots; y_n, s_n)}{\partial x_1 \cdots \partial x_m \partial y_1 \cdots \partial y_n} \quad (1.3.5)$$

而对于离散型随机过程 $X(t)$ 和 $Y(t)$,则有 $m+n$ 维联合概率为

$$p_{X,Y}(x_1, t_1; \cdots; x_m, t_m; y_1, s_1; \cdots; y_n, s_n) =$$
$$P[X(t_1) = x_1; \cdots; X(t_m) = x_m; Y(s_1) = y_1; \cdots; Y(s_n) = y_n] \quad (1.3.6)$$

> **思考题**:试从"随机过程是一组样本函数的集合"的角度,思考如何利用样本函数的概率分布来描述随机过程的统计特性。

2. 随机过程的数字特征

当有限维分布给出的统计特性的精细描述很难在实际中得到时,可以采用数字特征来对随机过程的统计特性进行表征。随机过程的数字特征仍然是通过随机过程有限个时刻点对应的随机矢量的矩特性来给出的。

根据定义 1.19 关于混合原点矩和混合中心矩的定义,可以给出随机过程数字特征的定义,考虑到工程应用,这里主要给出随机过程的一阶矩和二阶矩。

对于单个时刻点,给定 $\forall t \in T$,对应随机变量为 $X(t)$,则有:

定义 1.29　随机过程的均值:随机过程 $X(t)$ 的均值定义为

$$m_X(t) = E[X(t)], \quad t \in T \quad (1.3.7)$$

定义 1.30　随机过程的方差:随机过程 $X(t)$ 的方差定义为

$$\mu_X^2(t) = D[X(t)] = E\{[X(t) - m_X(t)]^2\}, \quad t \in T \quad (1.3.8)$$

定义 1.31　随机过程的均方值:随机过程 $X(t)$ 的均方值定义为

$$\sigma_X^2(t) = E\{[X(t)]^2\}, \quad t \in T \tag{1.3.9}$$

实际中也关心随机过程不同时刻点之间的统计关系,这里主要考虑两个时刻点,给定 $\forall t_1, t_2 \in T$,对应的随机变量为 $X(t_1)$ 和 $X(t_2)$,则有:

定义 1.32 随机过程的自相关函数:随机过程 $X(t)$ 的自相关函数定义为

$$R_X(t_1, t_2) = E[X(t_1)X(t_2)], \quad t_1, t_2 \in T \tag{1.3.10}$$

定义 1.33 随机过程的自协方差函数:随机过程 $X(t)$ 的自协方差函数定义为

$$C_X(t_1, t_2) = E\{[X(t_1) - m_X(t_1)][X(t_2) - m_X(t_2)]\}, \quad t_1, t_2 \in T \tag{1.3.11}$$

对于不同的随机过程 $X(t)$ 和 $Y(t)$,给定 $\forall t_1, t_2 \in T$,对应的随机变量为 $X(t_1)$ 和 $Y(t_2)$,则有:

定义 1.34 两个随机过程的互相关函数:随机过程 $X(t)$ 和 $Y(t)$ 的互相关函数定义为

$$R_{X,Y}(t_1, t_2) = E[X(t_1)Y(t_2)], \quad t_1, t_2 \in T \tag{1.3.12}$$

定义 1.35 两个随机过程的互协方差函数:随机过程 $X(t)$ 和 $Y(t)$ 的互协方差函数定义为

$$C_{X,Y}(t_1, t_2) = E\{[X(t_1) - m_X(t_1)][Y(t_2) - m_Y(t_2)]\}, \quad t_1, t_2 \in T \tag{1.3.13}$$

在定义 1.32~定义 1.35 中,相关函数和协方差函数的记号与定义严格对应,其中,记号下角标中第一个随机过程在第一个时间变量的采样点对应于定义式中的第一个随机量;下角标中第二个随机过程在第二个时间变量的采样点对应于定义式中的第二个随机量。可以看出,随机过程的数字特征与随机变量的数字特征代表的物理含义相同,不同的是前者可能是时间的函数,这主要是因为随机过程是依赖于时间的随机变量。

在随机过程的前两阶数字特征中,因为

$$C_X(t_1, t_2) = R_X(t_1, t_2) - m_X(t_1)m_X(t_2) \tag{1.3.14}$$

$$\alpha_X^2(t) = E\{[X(t)]^2\} = R_X(t, t) \tag{1.3.15}$$

$$\sigma_X^2(t) = \alpha_X^2(t) - [m_X(t)]^2 = R_X(t, t) - [m_X(t)]^2 \tag{1.3.16}$$

所以,通常只需求出相关函数和均值,就可以得到其他的前两阶数字特征。

思考题:随机过程的数字特征除了用定义式来计算外,还有别的求取方法吗?细心的同学会发现:如果只能从定义的角度给出,那么数字特征的求取是需要知道概率分布特性的。事实上,数字特征的引入是针对概率分布特性很难或无法获取的情况。因此,这个问题的答案是肯定的。请大家给出随机过程数字特征除定义式之外的其他求取方法。

1.3.3　平稳随机过程及其各态历经性

1. 平稳随机过程的概率分布

对于一个随机过程,如果决定其统计特性的主要因素不随时间发生变化,则该随机过程的统计特性具有时移不变性,这种时移不变性被称为平稳性。因为描述随机过程统计特性的方法有两种——概率分布和数字特征,因此对应的平稳性的定义也有两种,分别用这两种统计特性描述量给出。

定义 1.36　狭义平稳过程:随机过程 $X(t)$ 的概率分布函数具有如下时移不变性:对于 $\forall n, \forall t_1, t_2, \cdots, t_n \in T$ 和 $\forall \tau \in T$,有

$$F_X(x_1, t_1; x_2, t_2; \cdots; x_n, t_n) = F_X(x_1, t_1 + \tau; x_2, t_2 + \tau; \cdots; x_n, t_n + \tau)$$

$$(1.3.17)$$

则称 $X(t)$ 为狭义平稳随机过程,或者称为窄平稳过程、严平稳过程。

定义 1.37　广义平稳过程:如果功率有限的二阶矩过程 $X(t)$,$E[X^2(t)] < \infty$,其数字特征具有如下时移不变性:

(1) 均值是与时间无关的常数,即 $m_X(t) = m_X$;

(2) 自相关函数仅与时间间隔有关,即 $R_X(t_1, t_2) = R_X(\tau)$,$\tau = t_1 - t_2$,则称 $X(t)$ 为广义平稳随机过程,或者称为宽平稳过程、弱平稳过程。

对于两个随机过程有广义联合平稳,具体定义如下:

定义 1.38　广义联合平稳:功率有限的二阶矩过程 $X(t)$ 和 $Y(t)$,$E[X^2(t)] < \infty$,$E[Y^2(t)] < \infty$,它们各自广义平稳,且互相关函数仅与时间间隔有关,即 $R_{X,Y}(t_1, t_2) = R_{X,Y}(\tau)$,$\tau = t_1 - t_2$,则称 $X(t)$ 和 $Y(t)$ 为广义联合平稳,或者简称为联合平稳、平稳相关、平稳相依。

狭义平稳侧重于对随机过程整体统计特性时移不变性的描述;广义平稳则从工程可实现角度出发,针对物理可实现的二阶矩过程,研究前两阶统计特性的时移不变性。对于功率有限的二阶矩过程,其狭义平稳意味着广义平稳;对于非功率有限的随机过程,从其狭义平稳无法推导出广义平稳。而广义平稳一般不能推出狭义平稳,这主要是因为广义平稳仅要求前两阶统计特性具有时移不变性,因此通常不能推出整个统计特性时移不变的狭义平稳。

实际中很多随机现象都可以用广义平稳过程来建模。如果广义平稳随机过程 $X(t)$ 为电路的电压,则 m_X 为直流信号电压,$X(t) - m_X$ 为交流电压;对于阻值为 $1\ \Omega$ 的电阻,m_X^2 为直流功率,方差 $D[X(t)]$ 为交流功率,均方值 $\alpha_X^2 = D[X(t)] + m_X^2$ 为总功率。读者可以用这一例子来帮助理解随机过程数字特征之间的关系。

本书研究随机过程理论在实际工程中的应用,因此主要讨论广义平稳随机过程,如果不做特殊说明,平稳过程均指广义平稳随机过程。

> **思考题**：如果一个随机过程广义平稳，则其一定狭义平稳吗？如果一个随机过程狭义平稳，则其一定广义平稳吗？

2. 平稳随机过程的各态历经性

前面的数字特征是利用对随机过程的统计特性进行统计平均而定义出来的。观察随机过程的完整表达形式 $\{X(t,e), t\in T, e\in\Omega\}$，可以看出，随机过程是时间和样本两个参量的函数，数字特征是对样本参量进行平均得到的。同样可以针对随机过程的另外一个参量——时间参量进行平均，从而给出以下定义：

定义 1.39　时间均值：随机过程 $X(t)$ 的时间均值 $\overline{X(t)}$ 定义为

$$\overline{X(t)} = \lim_{T\to\infty}\frac{1}{2T}\int_{-T}^{T}X(t)\mathrm{d}t \tag{1.3.18}$$

顾名思义，它就是对 $X(t)$ 本身在时间上进行平均。

定义 1.40　时间自相关函数：随机过程 $X(t)$ 的时间自相关函数 $\overline{X(t)X(t-\tau)}$ 定义为

$$\overline{X(t)X(t-\tau)} = \lim_{T\to\infty}\frac{1}{2T}\int_{-T}^{T}X(t)X(t-\tau)\mathrm{d}t \tag{1.3.19}$$

它是对不同时刻之间的相关性 $X(t)X(t-\tau)$ 在时间上进行平均。

那么随机过程的统计平均与时间平均之间有什么样的关系呢？通过实际观察可以发现，有一类平稳随机过程，它的时间平均与统计平均相等。这种情况只有在随机过程的每一个样本函数都遍历了其所有的样本值或者状态的情况下才会成立，也就是说，随机过程的状态在时间上具有遍历性，随着时间推移样本值的出现规律与其在一个时刻点上样本值的出现规律是相同的。具体地，若这种遍历性体现为每一个样本函数的时间均值都相等，也就是说，随机量 $\overline{X(t)}$ 以概率 1 等于样本函数的时间均值，且等于随机过程的统计均值，则随机过程具有均值各态历经性；若体现为每一个样本函数的时间自相关函数都相等，即 $\overline{X(t)X(t-\tau)}$ 以概率 1 等于样本函数的时间自相关，且等于随机过程的统计自相关，则随机过程具有自相关函数各态历经性。

定义 1.41　各态历经性：随机过程 $X(t)$ 的统计均值与时间均值相等，即

$$\overline{X(t)} = E[X(t)] \tag{1.3.20}$$

则 $X(t)$ 均值各态历经；若其自相关函数与时间自相关函数相等，即

$$\overline{X(t)X(t-\tau)} = E[X(t)X(t-\tau)] \tag{1.3.21}$$

则 $X(t)$ 自相关函数各态历经。若 $X(t)$ 既具有均值各态历经性，又具有自相关函数各态历经性，则称 $X(t)$ 是各态历经的。

对于具有各态历经性的随机过程，其可以只需要观察一个样本函数，通过样本函数的时间平均来估算随机过程的均值和自相关函数，大大简化了随机过程数字特征的估算，真正实现了数字特征与概率分布特性的剥离。

思考题：为什么要求具有各态历经性的随机过程必须是平稳随机过程？什么样的平稳随机过程才能具备各态历经性？

3. 平稳随机过程的功率谱密度

利用傅里叶变换给出的频域分析是信号分析与处理的一类重要方法。随机信号的统计特性能否在频域进行分析呢？下面尝试回答这一问题。

傅里叶变换要求信号必须绝对可积，是能量有限的。但是，平稳过程的样本函数的功率有限，而能量无限，不能直接用傅里叶变换。因此，利用随机过程的截尾傅里叶变换

$$F_X^u(\omega, T) = \int_{-T}^T X(t) e^{-j\omega t} \, dt \tag{1.3.22}$$

给出 $X(t)$ 在频域的表示，可以看出 $F_X^u(\omega, T)$ 是一个随机量。

根据巴塞伐尔定理可知，

$$\int_{-T}^T X^2(t) \, dt = \frac{1}{2\pi} \int_{-\infty}^\infty |F_X^u(\omega, T)|^2 \, d\omega \tag{1.3.23}$$

将式(1.3.23)两边同时除以 $2T$，并对 $T \to \infty$ 取极限，同时取统计平均，则有

$$E\left[\lim_{T \to \infty} \frac{1}{2T} \int_{-T}^T X^2(t) \, dt\right] = \frac{1}{2\pi} \int_{-\infty}^\infty \lim_{T \to \infty} E\left[\frac{1}{2T} |F_X^u(\omega, T)|^2\right] d\omega \tag{1.3.24}$$

若令 $X(t)$ 为电压信号，对于 $1\ \Omega$ 的电阻，等式左边的 $\lim\limits_{T \to \infty} \frac{1}{2T} \int_{-T}^T E[X^2(t)] dt$ 代表信号在整个时间轴上的平均功率，因此

$$S_X(\omega) = \lim_{T \to \infty} \frac{1}{2T} E[|F_X^u(\omega, T)|^2] \tag{1.3.25}$$

表示平均功率在频谱 ω 上的分布，被称为平均功率谱密度或功率谱密度。

实际上，当平稳过程 $X(t)$ 的自相关函数绝对可积时，维纳-辛钦定理给出，功率谱密度与自相关函数之间存在着傅里叶变换对的关系，即

$$S_X(\omega) = \int_{-\infty}^\infty R_X(\tau) e^{-j\omega\tau} \, d\tau \tag{1.3.26}$$

$$R_X(\tau) = \frac{1}{2\pi} \int_{-\infty}^\infty S_X(\omega) e^{j\omega\tau} \, d\tau \tag{1.3.27}$$

上式可以由式(1.3.25)推导得到。

由维纳-辛钦定理可以给出平稳相关的随机过程 $X(t)$ 与 $Y(t)$ 的互功率谱密度与互相关函数之间的关系为

$$S_{X,Y}(\omega) = \int_{-\infty}^\infty R_{X,Y}(\tau) e^{-j\omega\tau} \, d\tau, \quad S_{Y,X}(\omega) = \int_{-\infty}^\infty R_{Y,X}(\tau) e^{-j\omega\tau} \, d\tau$$

$$\tag{1.3.28a}$$

$$R_{X,Y}(\tau) = \frac{1}{2\pi} \int_{-\infty}^{\infty} S_{X,Y}(\omega) \mathrm{e}^{\mathrm{j}\omega\tau} \mathrm{d}\tau, \quad R_{Y,X}(\tau) = \frac{1}{2\pi} \int_{-\infty}^{\infty} S_{Y,X}(\omega) \mathrm{e}^{\mathrm{j}\omega\tau} \mathrm{d}\tau$$

$$(1.3.28\mathrm{b})$$

思考题：为什么自功率谱密度一定为非负实数,而互功率谱密度则不一定?

第 2 章　微波成像雷达基本原理

2.1　微波成像雷达介绍

2.1.1　雷达的提出与发展

　　雷达(Radio Detection And Ranging ，Radar)是人类在 20 世纪的重大发明之一，Radar 一词是在 1939 年由美国信号特种部队创造出来的，最早的含义是指无线电探测与定位。雷达的基本工作过程是：发射机发射电磁波；当电磁波在空间遇到目标时，部分波被反射或者散射回来，由接收机接收；处理器处理接收到的回波，根据时延、天线波束指向和多普勒效应等，计算目标与雷达之间的距离、角度和速度信息；最后在显示器上将处理的结果进行显示。

　　雷达的出现将人类从视野受限中解脱出来，其作用距离可以达到几百甚至几千千米，使得人们可以"看到"千里之外的目标，因此也被称为"千里眼"。

　　雷达的发明以电磁场理论为基础，与微波器件的发展息息相关。雷达的诞生过程简单地说就是：英国人麦克斯韦(James Clerk Maxwell)在 19 世纪中期理论上推导了电磁波的存在，他的预言很快被一位德国人赫兹(Heinrich Hertz)在 1886 年用实验得到了证实。俄国人波波夫(Alexander Popov)在 1897 年的一次船只通信试验中发现了第三只船的回波，并告诉大家这种现象可用于目标检测，但是他自己没有开展进一步研究。1904 年，德国人 Christian Hulsmeyer 发明了发射和接收无线电波的设备，并公开进行了该设备用于船只防碰撞的演示试验，给出了雷达的早期雏形。可惜，他的发明没有引起人们的关注，最终没有被投入使用。随后，第一次世界大战爆发，飞机被首次使用；第二次世界大战爆发，飞机被大量应用于战场。从此，雷达远距离探测的作用引起了军方的关注。英军成立了专门委员会，寻找能够防御敌机威胁的最新技术，于 1937 年建造了机载雷达，后来亦被应用于空中监视；美国海军于第一次世界大战后就投入资金研究雷达技术，于 1939 年研制出舰载雷达，Radar 一词被正式提出。

　　雷达研制需要的技术基础有：电磁波的发现和验证，奠定了雷达系统中电磁波能够被发射，并能被目标反射回来的理论基础；微波器件和天线的发展，解决了如何生成频率稳定的高频电磁波，并且以较大的功率发射出去；波的干涉，解决了目标回波能够被检测的问题；另外，时间同步、双基变单基、脉冲体制等问题的解决进一步推动雷达走向实际应用。

第二次世界大战(简称二战)在 1939 年爆发。实际上在战争爆发前,因为受到空袭的威胁,早期预警的需求已促进雷达相关技术的快速发展以及雷达的发明。二战爆发后,一些国家被迫中断雷达方面的研究;德国和日本则因为雷达在进攻中的作用不是很明显,从而没有重视雷达技术的发展;只有美国、英国和苏联 3 个国家因为防御的需要,在战争中不但没有中断雷达技术的发展,而且还从德国引进科学家大力发展雷达技术。在战争后期,这 3 个国家已经开始着手将雷达技术应用在民用方面,例如航天、民航等,为雷达技术在 20 世纪 40 年代到 50 年代的迅速发展奠定了基础。

二战之后,美国与苏联进入军备竞赛的冷战时期。随着各自核武器、导弹等远程攻击武器的快速发展,雷达防御网也相应被构建,雷达技术得以迅速发展。其中,最有代表性的 4 个里程碑式的技术如下:

(1) 脉冲多普勒雷达(Pulse Doppler Radar,PD):利用多普勒效应,根据运动目标、背景杂波与雷达之间相对运动的不同,从而引起多普勒频移不同,可以从背景杂波中检测出运动目标。因此,脉冲多普勒雷达多用于运动目标的检测和发现。

(2) 单脉冲雷达(Monopulse Radar):利用单个脉冲回波信号形成的多个波束,通过比较各波束回波信号的幅度相位信息,驱动天线对准目标,测出目标与雷达之间的角度和距离信息,能够大大提高跟踪的精度。

(3) 相控阵雷达(Phased Array Radar):天线阵面由很多发射接收组件组成,每个组件都可以独立控制。通过改变不同组件的相位延迟,可以快速、灵活地形成天线波束指向,甚至多个波束指向。因此,能够实现波束快速切换,有利于实现连续监视。

(4) 合成孔径雷达(Synthetic Aperture Radar,SAR):利用线性调频信号实现距离向高分辨率,天线孔径合成实现方位向高分辨率,因此具有小天线的高分辨率成像能力,能够方便地装载于飞机或者卫星上,可实现空中或空间遥感。

目前,雷达已由单纯地对目标探测、跟踪和测距、测角,发展到对目标进行二维、三维成像,甚至四维成像,能够提供丰富的多维度信息,为人类对自身所处环境的精细认知和理解奠定基础。因此,雷达已被广泛地应用于军事、民航、地形测绘、国土勘测、灾害监测、环境监测、农林业、矿藏勘察、洋冰洋流、海洋监测等很多方面。

> **思考题**:从社会需求和技术发展两个方面思考雷达提出的必然性,并给出雷达系统实现必须解决的技术瓶颈。

2.1.2　微波成像雷达的提出和应用

从雷达提出开始,高分辨率就成为其一直追求的系统目标。距离分辨由回波脉冲的主瓣宽度决定,方位分辨则依赖于方位向的波束宽度。线性调频信号解决了大的平均发射功率和高距离向分辨率之间的矛盾,通过距离向脉冲压缩很好地实现了高距离向分辨率。方位向分辨率与天线方位向尺寸成反比,因此在飞机或者导弹平台上,很难实现高方位向分辨能力。直到 1951 年,Goodyear 航空公司的 Carl A. Wiley 研发团队提出了一种能够在距离向和方位向同时获取高分辨率的微波成像雷达技术 SAR。发展到今天,SAR 的距离向和方位向分辨率最高可达厘米级。

Wiley 在他的回忆中提到,由于他在研究导弹导航问题时,必须考虑用很小的弹载天线来实现雷达导航,从而产生在多普勒域通过波束锐化来实现高方位向分辨率的 SAR 方案,并随后利用仿真和试验进行了验证。

无独有偶,几乎在 Wiley 开展 SAR 研究的同时,1952 年,美国伊利诺伊大学控制系统实验室的 C. W. Sherwin 等人在一次机载非相干雷达的飞行试验中,发现了多普勒频率调制现象,并预估该现象可用于提高方位向分辨率。几天后,Sherwin 利用机载脉冲相干雷达飞行试验验证了他的想法,并且给出了方位向分辨率最高可以达到方位向天线尺寸的一半。

20 世纪 50 年代到 90 年代,SAR 技术得到了快速的发展。工作模式从常规的条带模式,到通过牺牲方位向分辨率增大测绘带宽的扫描模式,以及通过牺牲方位观测范围提高方位向分辨率的聚束模式。1974 年,利用具有微小视角的两幅 SAR 图像之间的相位差获取地形高程信息的干涉 SAR(Interferometric SAR,InSAR)被提出;1978 年,第一颗 SAR 卫星 SEASAT 发射上天,开辟了太空获取 SAR 图像的先河;1989 年,利用 3 幅 SAR 图像获取大区域范围内微小形变的差分干涉 SAR(Difference Interferometric SAR,DInSAR)出现,这些都大大拓展了 SAR 的应用范围。

目前,SAR 已经被广泛应用于海洋、农业、林业、交通、灾害监测、军事等各个方面。SAR 成像提供的二维图像信息,垂直轨迹 SAR 干涉提供的三维地形数据,沿轨迹 SAR 干涉提供的运动目标信息,差分 SAR 干涉提供的地形形变信息,以及层析 SAR 提供的三维分辨 SAR 图像信息等,为人类全面认知地球海洋、陆地、森林等环境以及人类活动提供了精细、全面的信息,因此被认为是"最为理想的感知手段"。

2.2　微波成像雷达系统模型

2.2.1　SAR 成像机理

脉冲信号雷达的发射脉冲波形如图 2.1 所示,图中 T_P 为脉冲宽度,T_{Prf} 为脉冲重复周期。其距离向分辨率为 ρ_R,一般被定义为脉冲宽度对应的距离,即为

$$\rho_R = (cT_P)/2 \tag{2.2.1}$$

式中:c 为光速。

对于峰值功率为 P_{Peak} 的脉冲信号,其平均功率为

$$P_{Aver} = P_{Peak} \times T_P/T_{Prf} \tag{2.2.2}$$

观察式(2.2.1)和式(2.2.2)可知,当 T_{Prf} 一定时,脉宽越小,则距离向分辨率越

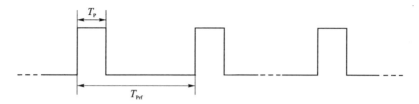

图 2.1　雷达发射脉冲波形

高,而平均功率则减小,这便产生了雷达系统参数设计中距离向分辨率提高与平均功率增大的一对矛盾。

　　SAR 是利用发射具有较大时间带宽积的线性调频信号,在保证平均功率的条件下获得高的距离向分辨率。线性调频脉冲信号如图 2.2 所示,脉冲宽度为 T_P,调频率为 b 的调频脉冲以周期 T_{Prf} 不断重复。该信号的带宽为

$$\mathrm{BW_R} = bT_P \tag{2.2.3}$$

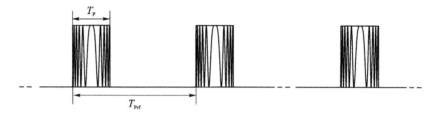

图 2.2　线性调频脉冲信号

　　接收到的回波信号经过匹配滤波后,结果如图 2.3 所示。由图 2.3 可以看出,压缩后的脉冲宽度为

$$T'_P = 1/\mathrm{BW_R} = 1/(bT_P) \tag{2.2.4}$$

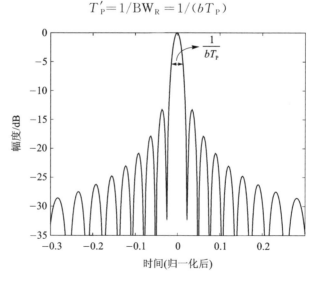

图 2.3　线性调频信号匹配滤波后的波形

可以得到 SAR 的距离向分辨率为

$$\rho_R = T'_P \cdot c/2 = c/(2bT_P) \qquad (2.2.5)$$

ρ_R 与 T_P 成反比,即脉冲宽度越大,距离向分辨率越高。当峰值功率 P_{Peak} 一定时,平均功率与 T_P 成正比,即脉冲宽度越大,平均功率越大。因此,脉冲宽度的增大,同时保证了大平均功率和高距离向分辨率,解决了一般脉冲雷达中平均功率增大与距离向分辨率提高的矛盾。

实孔径雷达的方位向分辨率由方位向波束宽度决定,理论上,方位向波束宽度为

$$\theta_A = \frac{\lambda}{D_A} \qquad (2.2.6)$$

式中:λ 为雷达波长;D_A 为方位向天线长度。

对应的距离 R 处的方位向分辨率近似为

$$\rho_A \approx R\theta_A = \lambda R/D_A \qquad (2.2.7)$$

可以看出,随着方位向天线尺寸的增大,天线波束变窄,方位向分辨率提高。但是,在实际中机载、星载或者弹载雷达,受平台运载能力的限制,雷达天线尺寸不可能太大,因此,通过增大方位向天线尺寸来提高方位向分辨率也受到了限制。

SAR 的方位向高分辨率是通过孔径合成来实现的,具体过程如图 2.4 所示。雷达天线波束从 A_1 点开始照射地面点 P,直到 A_2 点波束离开地面点 P,在整个飞行长度 L_S 内,地面点 P 均被波束照射。利用后续信号相位补偿处理,可以将 $L_S = \frac{\lambda R}{D_A}$ 认为是一个合成的大孔径,考虑到相位由双程距离引起,则合成孔径 L_S 对应的合成波束 θ'_A 的方位向分辨率为

$$\rho_A \approx R\theta'_A = \frac{R\lambda}{2L_S} = \frac{R\lambda}{\frac{2\lambda R}{D_A}} = \frac{D_A}{2} \qquad (2.2.8)$$

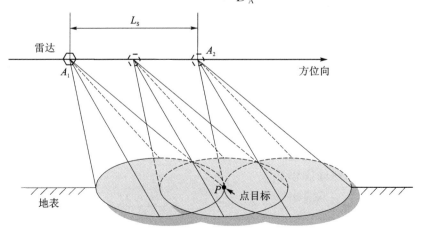

图 2.4　雷达孔径合成

　　由式(2.2.8)可知,SAR 的方位向分辨率理论上是方位向天线尺寸的一半,与天线尺寸成正比,这便突破了实孔径雷达方位向分辨率受天线尺寸约束而无法太高的限制。另外,SAR 的方位向分辨率与距离无关,将方位向分辨率从随距离增大而变差的魔咒中解脱出来。

　　从式(2.2.8)中可以看出,SAR 的方位向分辨率与其合成孔径时间密切相关,通过增大合成孔径时间可以提高方位向分辨率。而合成孔径时间又与雷达和目标之间的相互运动关系密切相关。根据雷达波束与目标之间的相对运动关系,SAR 的工作模式可以分为:条带模式、聚束模式、滑动聚束模式和扫描模式等。

> **思考题**：试分别从时域和频域两方面解释合成孔径雷达 SAR 获取高方位向分辨率的原理。

2.2.2　SAR 成像系统模型

　　SAR 图像获取过程如图 2.5 所示。地物目标散射特性的信号模型为 $s_{\text{scat}}(t_r,$ $t_x)=\gamma(t_r,t_x)e^{j\phi(t_r,t_x)}$,其中 r 为斜距坐标,x 为方位坐标;$t_r=2r/c$ 为距离向快时间,$t_x=x/v$ 为方位向慢时间,v 为雷达方位向飞行速度;γ 为散射幅度,ϕ 为散射相位。欲从该信号中提取 SAR 图像 $s(t_r,t_x)$,需经过两个线性时不变子系统,即第一个为 SAR 回波获取和回波解调子系统,其传递函数为 $h_{12}(t_r,t_x)$;第二个为 SAR 成像子系统,其传递函数为 $h_3(t_r,t_x)$。

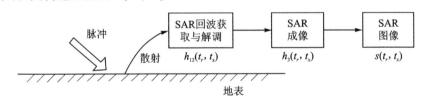

图 2.5　SAR 图像获取过程

　　根据信号与系统理论,线性时不变系统的输出可以由其输入与系统冲激响应函数的卷积来表示。因此有

$$s(t_r,t_x)=s_{\text{scat}}(t_r,t_x)*h_{12}(t_r,t_x)*h_3(t_r,t_x) \tag{2.2.9}$$

　　SAR 系统发射信号,作用于地面,其后向散射回波经过一定的延迟被 SAR 天线接收。忽略天线方向性图的影响,对于散射截面积为 δ 的理想点目标,收发同置 SAR 系统接收到的回波信号为

$$E(t_r,t_x)=\delta \cdot p\left[t_r-\frac{2R(t_x)}{c}\right], \quad -\frac{T_P}{2} \leqslant t_r-\frac{2R(t_x)}{c} \leqslant \frac{T_P}{2}, \quad -\frac{T_S}{2} \leqslant t_x \leqslant \frac{T_S}{2}$$

$$\tag{2.2.10}$$

式中:$T_S=L_S/v$ 为合成孔径时间。

$p(t)$ 为发射波形,对于线性调频信号有

$$p(t) = \text{rect}\left(\frac{t}{T_P}\right) e^{j2\pi\left(f_0 t - \frac{b}{2}t^2\right)} \tag{2.2.11}$$

其中,$\text{rect}(a) = \begin{cases} 1, & |a| \leqslant 1/2 \\ 0, & |a| > 1/2 \end{cases}$;$f_0$ 为信号中心频率,与雷达波长的关系为 $f_0 = \dfrac{c}{\lambda}$。

解调后,SAR 视频复回波信号为

$$s_V(t_r, t_x) = \text{rect}\left[\frac{t_r - \frac{2R(t_x)}{c}}{T_P}\right] \text{rect}\left(\frac{t_x}{T_S}\right) e^{-j\frac{4\pi}{\lambda}R(t_x) - j\pi b\left[t_r - \frac{2R(t_x)}{c}\right]^2} \tag{2.2.12}$$

其中,$R(t_x)$ 是点目标在一个合成孔径时间内的斜距历程,对其进行泰勒级数展开,忽略二次以上的项,近似表示为

$$R(t_x) \approx R(0) + R'(0)t_x + R''(0)t_x^2/2 \tag{2.2.13a}$$

这表明式(2.2.12)也含有一个方位上的线性调频相位。考虑式(2.2.13a)所示斜距引起的相位,利用多普勒频率 f_d 和多普勒调频率 f_{dr},则该式也可写为

$$R(t_x) \approx R(0) + \frac{\lambda f_d}{2}t_x + \frac{\lambda f_{dr}}{4}t_x^2 \tag{2.2.13b}$$

其中,

$$f_d = \frac{2}{\lambda}R'(0), \quad f_{dr} = \frac{2}{\lambda}R''(0) \tag{2.2.14}$$

1. 接收系统模型

SAR 回波接收系统如图 2.6 所示,SAR 天线接收到的回波信号首先经过限幅放大后进入一级混频器输出中频信号,中频放大后,再经过第二级正交混频解调输出 I、Q 两路视频信号,最后进入视频 A/D 变换,形成 I、Q 两路视频数字回波信号。最后进入 SAR 成像处理的信号是以 I 路作为实部、Q 路作为虚部的视频回波复信号。

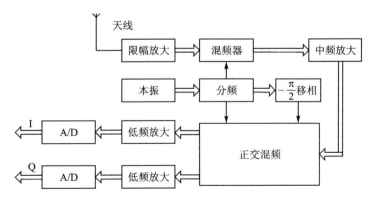

图 2.6　SAR 回波接收系统

（1）SAR 一维回波接收模型

为了简化数学推导，图 2.6 中的高频（即限幅放大）和中频放大网络可以假设为理想带通网络，其频率响应函数幅频特性如图 2.7 所示，具体表示为

$$H_E(\mathrm{j}\omega) = \begin{cases} K_E, & |\omega \pm \omega_c| \leqslant \dfrac{\Delta\omega}{2} \\ 0, & \text{其他} \end{cases} \tag{2.2.15}$$

式中：ω_c 为中心频率；$\Delta\omega$ 为带通网络带宽；K_E 为带通网络增益。

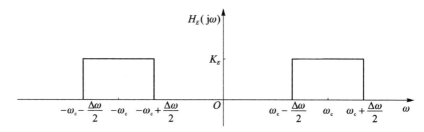

图 2.7　理想带通网络幅频特性

SAR 回波是由线性调频信号作用于目标散射回来的，因此可知 SAR 中频回波获取子系统的冲激响应函数为

$$h_1(t) = \mathrm{rect}\left(\frac{t}{T_P}\right)\cos(\omega_c t - \pi b t^2) \tag{2.2.16}$$

下面计算其频谱 $H_1(\mathrm{j}\omega)$，不失一般性，令 $b>0$。首先，考虑零中频线性调频信号 $g(t) = \mathrm{rect}\left(\dfrac{t}{T_P}\right)\mathrm{e}^{-\mathrm{j}\pi b t^2}$ 的傅里叶变换。根据驻留相位原理，对于信号 $a(t)\mathrm{e}^{\mathrm{j}\phi(t)}$，如果相对于相位 $\phi(t)$，幅度 $a(t)$ 变化缓慢，则有

$$\int_{-\infty}^{\infty} a(t)\mathrm{e}^{\mathrm{j}\phi(t)}\,\mathrm{d}t \approx \sqrt{\frac{-2\pi}{\phi''(t_s)}}\,a(t_s)\mathrm{e}^{\mathrm{j}\phi(t_s)-\mathrm{j}\pi/4} \tag{2.2.17}$$

其中，t_s 为相位变化最慢的驻留点，即 $\phi'(t_s)=0$。驻留相位原理的物理含义是：可以认为相位变化快的时间处幅度不变，积分为零；整个时间上的积分结果主要取决于相位变化最慢的驻留点处函数的值。如果有多个驻留点，则式（2.2.17）变为多个驻留点处函数值之和。

对于 $g(t)$，其傅里叶变换为

$$G(\mathrm{j}\omega) = \int_{-\infty}^{\infty} \mathrm{rect}\left(\frac{t}{T_P}\right)\mathrm{e}^{-\mathrm{j}\pi b t^2}\mathrm{e}^{-\mathrm{j}\omega t}\,\mathrm{d}t = \int_{-\infty}^{\infty} \mathrm{rect}\left(\frac{t}{T_P}\right)\mathrm{e}^{-\mathrm{j}\omega t - \mathrm{j}\pi b t^2}\,\mathrm{d}t \tag{2.2.18}$$

显然，式（2.2.18）中的幅度相对于相位变化缓慢，因此可以应用驻留相位原理，计算驻留点，由

$$\phi'(t) = -\omega - 2\pi b t, \quad \phi''(t) = -2\pi b \tag{2.2.19}$$

得

$$t_s = -\frac{\omega}{2\pi b}, \quad \text{rect}\left(\frac{t_s}{T_P}\right) = 1, \quad -j\omega t_s - j\pi b t_s^2 = j\frac{\omega^2}{2\pi b} - j\frac{\omega^2}{4\pi b} = j\frac{\omega^2}{4\pi b}$$

$$(2.2.20)$$

所以有

$$G(j\omega) \approx \frac{1}{\sqrt{b}} e^{j\frac{\omega^2}{4\pi b} - j\pi/4}, \quad -\pi b T_P \leqslant \omega \leqslant \pi b T_P \qquad (2.2.21)$$

重写式(2.2.16)，有

$$h_1(t) = \text{rect}\left(\frac{t}{T_P}\right)\left[\cos(-\pi b t^2)\cos(\omega_c t) - \sin(-\pi b t^2)\sin(\omega_c t)\right] \qquad (2.2.22)$$

因为 $\text{rect}\left(\dfrac{t}{T_P}\right)\cos(-\pi b t^2) = \left[g(t) + g^*(t)\right]/2$，所以其傅里叶变换为

$$\mathfrak{F}\left[\text{rect}\left(\frac{t}{T_P}\right)\cos(-\pi b t^2)\right] = \frac{G(j\omega) + G^*(-j\omega)}{2}$$

$$\approx \frac{1}{\sqrt{b}}\cos\left(\frac{\omega^2}{4\pi b} - \frac{\pi}{4}\right), \quad |\omega| \leqslant \pi b T_P \qquad (2.2.23\text{a})$$

又因为 $\text{rect}\left(\dfrac{t}{T_P}\right)\sin(-\pi b t^2) = \left[g(t) - g^*(t)\right]/(2j)$，所以

$$\mathfrak{F}\left[\text{rect}\left(\frac{t}{T_P}\right)\sin(-\pi b t^2)\right] = \frac{G(j\omega) - G^*(-j\omega)}{2j}$$

$$\approx \frac{1}{\sqrt{b}}\sin\left(\frac{\omega^2}{4\pi b} - \frac{\pi}{4}\right), \quad |\omega| \leqslant \pi b T_P \qquad (2.2.23\text{b})$$

对式(2.2.22)进行傅里叶变换，并代入式(2.2.23a)和式(2.2.23b)，则有

$$H_1(j\omega) = \frac{1}{2\sqrt{b}}\left[e^{j\frac{(\omega-\omega_c)^2}{4\pi b} - \frac{j\pi}{4}} + e^{-j\frac{(\omega+\omega_c)^2}{4\pi b} + \frac{j\pi}{4}}\right], \quad |\omega \pm \omega_c| \leqslant \pi b T_P \qquad (2.2.24)$$

由图 2.6 可知，中频回波正交解调是通过中频回波乘以 $\cos(\omega_c t)$，加上中频回波的希尔伯特变换乘以 $\sin(\omega_c t)$，低通滤波后得到回波同相分量，即视频回波实部；中频回波乘以 $-\sin(\omega_c t)$，加上其希尔伯特变换乘以 $\cos(\omega_c t)$，低通滤波后得到回波正交分量，即视频回波虚部。因此，SAR 视频回波子系统的冲激响应函数为

$$h_{12}(t) = h_1(t)\cos(\omega_c t) + \hat{h}_1(t)\sin(\omega_c t) + j\left[-h_1(t)\sin(\omega_c t) + \hat{h}_1(t)\cos(\omega_c t)\right]$$

$$= \text{rect}\left(\frac{t}{T_P}\right)\cos(-\pi b t^2) + j\,\text{rect}\left(\frac{t}{T_P}\right)\sin(-\pi b t^2)$$

$$= \text{rect}\left(\frac{t}{T_P}\right)e^{-j\pi b t^2} \qquad (2.2.25)$$

对式(2.2.25)进行傅里叶变换，得 SAR 视频回波的频响函数为

$$H_2(j\omega) \approx \frac{1}{\sqrt{b}}e^{j\frac{\omega^2}{4\pi b} - j\pi/4}, \quad -\pi b T_P \leqslant \omega \leqslant \pi b T_P \qquad (2.2.26)$$

（2）SAR 二维回波接收模型

上一小节给出的 SAR 一维回波信号模型实际上只是一个方位向上理想点目标的回波，而根据孔径合成原理，在一个合成孔径时间内，每隔一个脉冲重复周期，就会接收到一个脉冲周期的一维回波，将这些一维回波按方位时间排列，就可以得到理想点目标的二维回波信号模型，如图 2.8 所示。

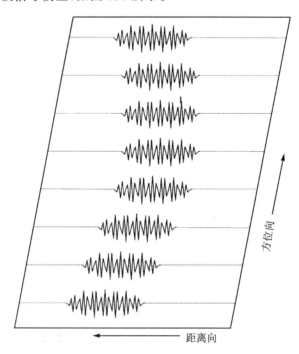

图 2.8　理想点目标的二维回波示意图

可以看出，在不同方位向上，回波的延迟时间也不同。令方位时间 t_x 对应的目标斜距为 $R(t_x)$，则二维中频回波的冲激响应函数为

$$h_1(t_r, t_x) = \text{rect}\left(\frac{t_x}{T_S}\right) \text{rect}\left(\frac{t_r}{T_P}\right) \cos\left\{\omega_c t_r - \pi b\left[t_r - \frac{2R(t_x)}{c}\right]^2 - \omega_0 \frac{2R(t_x)}{c}\right\}$$

$$(2.2.27)$$

式中：ω_0 为发射信号中心频率。

下面计算式（2.2.27）所示冲激响应函数的二维频域形式。

首先，将式（2.2.27）对 t_r 进行傅里叶变换，忽略常数相位，得

$$H_1(\omega_r, t_x) = \frac{1}{2\sqrt{b}}\left[e^{j\frac{(\omega_r - \omega_c)^2}{4\pi b}} \cdot e^{-j(\omega_r - \omega_c)\frac{2R(t_x)}{c}} \cdot e^{-j\omega_0 \frac{2R(t_x)}{c}} + e^{-j\frac{(\omega_r + \omega_c)^2}{4\pi b}} \cdot \right.$$

$$\left. e^{-j(\omega_r + \omega_c)\frac{2R(t_x)}{c}} \cdot e^{j\omega_0 \frac{2R(t_x)}{c}}\right], \quad |\omega_r \pm \omega_c| \leqslant \pi b T_P \qquad (2.2.28)$$

若考虑正侧视情况，多普勒中心频率为零，则 $R'(0)=0$，仍然利用驻留相位原理，将式(2.2.28)对 t_x 进行傅里叶变换，近似有

$$H_1(\omega_r,\omega_x) \approx \frac{1}{2\sqrt{b}}\left[\frac{1}{\sqrt{f_{\mathrm{dr1}}}}\mathrm{e}^{\mathrm{j}\frac{(\omega_r-\omega_c)^2}{4\pi b}}\cdot \mathrm{e}^{\mathrm{j}\frac{\omega_x^2}{4\pi f_{\mathrm{dr1}}}}\cdot \mathrm{e}^{-\mathrm{j}2\frac{\omega_0+\omega_r-\omega_c}{c}R(0)}+\frac{1}{\sqrt{f_{\mathrm{dr2}}}}\mathrm{e}^{-\mathrm{j}\frac{(\omega_r+\omega_c)^2}{4\pi b}}\cdot\right.$$

$$\left.\mathrm{e}^{-\mathrm{j}\frac{\omega_x^2}{4\pi f_{\mathrm{dr2}}}}\cdot \mathrm{e}^{\mathrm{j}2\frac{\omega_0-\omega_r-\omega_c}{c}R(0)}\right],\quad |\omega_r\pm\omega_c|\leqslant \pi bT_\mathrm{P},\quad |\omega_x|\leqslant \pi f_{\mathrm{dr}}T_\mathrm{S}$$

$$(2.2.29)$$

式中：$f_{\mathrm{dr1}}=\dfrac{\omega_1}{\omega_0}f_{\mathrm{dr}}$；$f_{\mathrm{dr2}}=\dfrac{\omega_2}{\omega_0}f_{\mathrm{dr}}$；$\omega_1=\omega_0-\omega_c+\omega_r$；$\omega_2=\omega_0-\omega_c-\omega_r$。

同理，SAR 视频回波子系统的二维冲激响应函数为

$$h_{12}(t_r,t_x)=h_1(t_r,t_x)\cos(\omega_c t_r)+\hat{h}_1(t_r,t_x)\sin(\omega_c t_r)+$$

$$\mathrm{j}\left[-h_1(t_r,t_x)\sin(\omega_c t_r)+\hat{h}_1(t_r,t_x)\cos(\omega_c t_r)\right]$$

$$=\mathrm{rect}\left(\frac{t_x}{T_\mathrm{S}}\right)\mathrm{rect}\left(\frac{t_r}{T_\mathrm{P}}\right)\mathrm{e}^{-\mathrm{j}\pi b\left[t_r-\frac{2R(t_x)}{c}\right]^2}\mathrm{e}^{-\mathrm{j}\omega_0\frac{2R(t_x)}{c}}\quad(2.2.30)$$

对式(2.2.30)进行二维傅里叶变换，可得二维 SAR 视频回波的频响函数近似为

$$H_2(\omega_r,\omega_x)\approx \frac{1}{\sqrt{bf'_{\mathrm{dr}}}}\mathrm{e}^{\mathrm{j}\frac{\omega_r^2}{4\pi b}}\cdot \mathrm{e}^{-\mathrm{j}\frac{\omega_x^2}{4\pi f'_{\mathrm{dr}}}}\cdot \mathrm{e}^{-\mathrm{j}\frac{2\omega'}{c}R(0)},\quad |\omega_r|\leqslant \pi bT_\mathrm{P},\quad |\omega_x|\leqslant \pi f_{\mathrm{dr}}T_\mathrm{S}$$

$$(2.2.31)$$

式中：$f'_{\mathrm{dr}}=\dfrac{\omega'}{\pi c}R''(0)$；$\omega'=\omega_0+\omega_r$。

> **思考题**：为什么可以假设微波成像雷达接收系统为一线性时不变系统？分析一维回波与二维回波之间的区别与联系。

2. 处理系统模型

传统的 SAR 成像处理过程如图 2.9 所示，包括距离向匹配滤波和方位向聚焦处理两部分。对于输入的视频 SAR 回波信号，在距离向利用匹配滤波实现脉冲压缩，在方位向通过多普勒域的匹配滤波进行孔径合成，最终输出信噪比最大的高分辨率 SAR 图像。

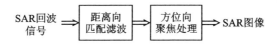

图 2.9　SAR 成像处理框图

距离向匹配滤波是通过回波与发射波形的相关处理来实现的,因此其传递函数为

$$h_r(t_r) = \mathrm{rect}\left(\frac{t_r}{T_P}\right) \mathrm{e}^{\mathrm{j}\pi b t_r^2} \tag{2.2.32}$$

方位向聚焦处理也可以看作回波在方位向与一个多普勒域的线性调频信号相卷积获得,忽略距离徙动,则方位向传递函数为

$$h_A(t_x) = \mathrm{rect}\left(\frac{t_x}{T_S}\right) \mathrm{e}^{\mathrm{j}2\pi\left(f_d t_x + \frac{f_{dr}}{2} t_x^2\right)} \tag{2.2.33}$$

因此,成像处理的传递函数为

$$h_3(t_r, t_x) = h_R(t_r) * h_A(t_x) \tag{2.2.34}$$

对式(2.2.33)和式(2.2.34)进行傅里叶变换,应用驻留相位原理,根据式(2.2.17),可以写出其距离向和方位向成像的频响函数分别为

$$H_R(\mathrm{j}\omega_r) \approx \frac{1}{\sqrt{b}}\mathrm{e}^{-\mathrm{j}\frac{\omega_r^2}{4\pi b}+\mathrm{j}\pi/4}, \quad -\pi b T_P \leqslant \omega_r \leqslant \pi b T_P \tag{2.2.35a}$$

$$H_A(\mathrm{j}\omega_x) \approx \frac{1}{\sqrt{f_{dr}}}\mathrm{e}^{-\mathrm{j}\frac{(\omega_x-2\pi f_d)^2}{4\pi f_{dr}}+\mathrm{j}\pi/4}, \quad -\pi f_{dr} T_S \leqslant \omega_x \leqslant \pi f_{dr} T_S \tag{2.2.35b}$$

若令距离向和方位向成像处理器带宽分别为 $\Delta B_r \leqslant b T_P$ 和 $\Delta B_x \leqslant f_{dr} T_S$,则式(2.2.35a)和式(2.2.35b)中的频率取值范围变为

$$-\pi\Delta B_r \leqslant \omega_r \leqslant \pi\Delta B_r, \quad -\pi\Delta B_x \leqslant \omega_x \leqslant \pi\Delta B_x \tag{2.2.35c}$$

将式(2.2.30)、式(2.2.32)、式(2.2.33)代入式(2.2.9),可得点目标成像处理后的图像信号为

$$s(t_r, t_x) = \delta T_P T_S \mathrm{sinc}\left(\frac{t_r - \frac{2R}{c}}{\rho_r}\pi\right) \mathrm{sinc}\left(\frac{t_x}{\rho_x}\pi\right) \mathrm{e}^{-\mathrm{j}\frac{4\pi R}{\lambda}} \tag{2.2.36}$$

式中:R 为目标的成像斜距;$\rho_r = \frac{2\rho_R}{c} = \frac{1}{\Delta B_r}$ 为距离向分辨率对应的时间分辨率;$\rho_x = \frac{\rho_A}{v} = \frac{1}{\Delta B_x}$ 为方位向分辨率对应的时间分辨率。$\mathrm{sinc}(a) = \frac{\sin a}{a}$,$\Delta B_r$ 和 ΔB_x 分别为距离向和方位向成像处理器带宽。

综上可得,整个 SAR 成像系统的传递函数为

$$h(t_r, t_x) = h_{12}(t_r, t_x) * h_3(t_r, t_x) = T_P T_S \mathrm{sinc}\left(\frac{t_r - \frac{2R}{c}}{\rho_r}\pi\right) \mathrm{sinc}\left(\frac{t_x}{\rho_x}\pi\right) \mathrm{e}^{-\mathrm{j}\frac{4\pi R}{\lambda}}$$

$$\tag{2.2.37}$$

另外，也可以在斜距和方位向坐标系下分析 SAR 成像的整体传递函数。由图 2.6 所示的 SAR 回波接收系统和图 2.9 所示的 SAR 成像处理串联得到的整个 SAR 成像系统的传递函数为两个 sinc 函数的乘积，如式(2.2.36)所示。因此，对于散射特性为 $s_{\text{scat}}(r,x)$ 的场景，忽略雷达系统增益，其经过 SAR 成像系统之后的 SAR 图像为

$$s(r,x) = s_{\text{scat}}(r,x) * h(r,x)$$

$$= s_{\text{scat}}(r,x) * \frac{1}{b\rho_{\text{R}}} \text{sinc}\left(\frac{r-R}{\rho_{\text{R}}}\pi\right) \frac{1}{f_{\text{dr}}\rho_{\text{A}}} \text{sinc}\left(\frac{x}{\rho_{\text{A}}}\pi\right) e^{-j\frac{4\pi R}{\lambda}} \quad (2.2.38)$$

其中，SAR 图像的距离向分辨率 ρ_{R} 和方位向分辨率 ρ_{A} 分别为

$$\rho_{\text{R}} = \frac{c}{2\Delta B_r}, \quad \rho_{\text{A}} = \frac{v}{\Delta B_x} \quad (2.2.39)$$

思考题：分析为何采用匹配滤波成像处理能够使输出信噪比最大。

2.3 微波成像雷达干涉处理模型

SAR 干涉主要是通过估计两幅或者多幅 SAR 图像的相位差，利用相位差与地形高程或者地形形变之间的定量化关系，求取地形的高程或者形变信息。

2.3.1 SAR 干涉高程测量处理模型

SAR 干涉高程测量是利用具有微小视角差的两部天线，获取同一地面区域的两幅 SAR 图像，图像干涉相位与地形高程之间具有定量化的关系式，从而可以利用估计干涉相位来获得地形高程信息。

干涉相位与地形高程之间的关系如图 2.10 所示，图中垂直于纸面向里为平台飞行方向；A_1 和 A_2 分别为主、辅天线；θ_1 和 θ_2 为各自的视角；R_1 与 R_2 分别为天线与地面点 P 之间的斜距；H 为主天线距离地面的高度；B 为基线，即两部天线之间的距离；ξ 为基线倾角，定义为基线与水平向的夹角。根据图 2.10 中的几何关系，可以求得地面点高程 h 为

$$h = H - R_1 \cos\theta_1 = H - R_1[\cos(\theta_1 - \xi)\cos\xi - \sin(\theta_1 - \xi)\sin\xi]$$

$$(2.3.1)$$

其中，$\theta_1 - \xi$ 的正弦函数可以通过干涉相位 ϕ_{In} 和 R_1 以及 B 计算得到。考虑发射天线与接收天线在同一平台上的收发同置情况下发射距离等于接收距离，有

$$\sin(\theta_1 - \xi) = \frac{R_1^2 + B^2 - \left(R_1 - \frac{\lambda}{4\pi}\phi_{\text{In}}\right)}{2R_1 B} \quad (2.3.2)$$

在 h 的估计过程中，H、B、ξ 可以通过测量获得，R_1 利用像素点位置计算得到，

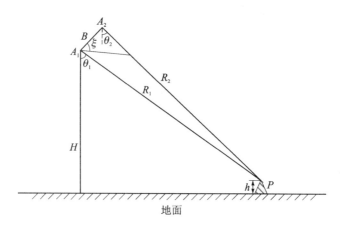

图 2.10　SAR 干涉空间几何关系

ϕ_{In} 则是通过两幅 SAR 复图像干涉得到。

从前面的分析中可以看出,地形高程估计中最关键的是获取干涉相位 ϕ_{In}。图 2.11 所示为 SAR 干涉测高获取干涉相位的系统模型,由两个 SAR 成像系统和一个干涉处理步骤组成。其中,SAR 成像系统与图 2.5 相同,干涉处理则是通过两幅 SAR 复图像 s_1 和 s_2 共轭相乘得到,即

$$\phi_{In} = \text{unwrap}[\arg(s_1 s_2^*)] \tag{2.3.3}$$

其中,$(\cdot)^*$ 表示取共轭,$\arg(\cdot)$ 表示取幅角,$\text{unwrap}(\cdot)$ 表示相位解缠。

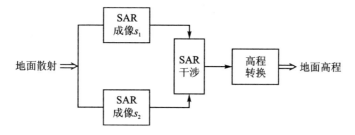

图 2.11　SAR 干涉系统模型

> **思考题**:式(2.3.3)中的干涉相位能否通过分别计算两幅 SAR 图像的幅角,然后将两个幅角相减的方法实现? 为什么?

2.3.2　SAR 干涉形变测量处理模型

SAR 干涉形变测量利用了相位 ϕ 与距离 R 之间的转换关系,对于收发同置系统,有

$$R = \frac{\lambda}{4\pi} \cdot \phi \tag{2.3.4}$$

根据图 2.12 所示的 SAR 干涉形变测量系统模型可知,由形变前获得的两幅 SAR 图像 s_1 和 s_2 干涉得到干涉相位 ϕ_{In1},它代表与形变前地形高程对应的相位;s_1 与形变后获得的 SAR 图像 s_3 干涉得到干涉相位 ϕ_{In2},它包含形变前地形高程对应的相位和形变引起的相位。因此,利用 ϕ_{In1} 与 ϕ_{In2} 之间的差异可以求得形变相位 ϕ_{Diff},再利用式(2.3.4)可以求得对应的视线方向上的形变量为

$$r_{\text{Diff}} = \frac{\lambda}{4\pi} \cdot \phi_{\text{Diff}} \tag{2.3.5}$$

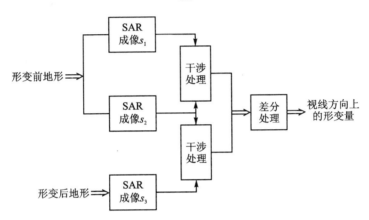

图 2.12　SAR 干涉形变测量系统模型

　　思考题:式(2.3.5)测得的形变量仅仅是视线方向上的,如果想获得地面的三维形变量,可以采用什么方法?

第 3 章　地面场景散射特性建模
——白噪声过程

本章主要讨论白噪声过程及其在地面场景散射特性分析中的应用。地面场景散射回波是微波成像雷达系统的主要输入信号之一。对于每一个被观察的地面点,在雷达系统获取其信息时,其特性都是不确定的,每个地面分辨单元的信号可以用随机变量来建模。地面场景是一族随机变量的集合,因此可以看成是一个随机过程。

本章在利用雷达方程说明雷达发射的电磁波对地面作用机理后,分析了回波功率与地物散射特性的关系;然后,分析地面场景的散射特性,介绍几种经典的散射模型;最后,利用白噪声过程给出经典的均匀场景和孤立强散射体场景散射的统计特性。

3.1　白噪声过程

定义 3.1　白噪声过程:功率谱密度为常数的零均值平稳随机过程被称为白噪声过程,常记为 $W(t)$。

从以上定义可以很容易地得到白噪声的数字特征,有

$$m_w = E[W(t)] = 0 \tag{3.1.1a}$$

$$S_w(\omega) = N_0/2 \tag{3.1.1b}$$

由维纳-辛钦定理得其自相关函数为

$$R_w(\tau) = N_0/2 \cdot \delta(\tau) \tag{3.1.1c}$$

白噪声具有均匀谱的特性,它的"白"字是借鉴可见光中白光亦是均匀谱而得名的。从相关函数的角度来看,白噪声是不相关过程,只有在同一时刻点完全相关,而任意两个不同的时刻点之间都不相关。

因为白噪声过程一般均值为零,所以主要利用其自相关函数或者功率谱密度等描述其统计特性,如图 3.1 所示。正是因为其自相关函数和功率谱密度的特殊性,为白噪声过程在实际应用中带来了很大的便利。

实际中,完全理想的白噪声并不存在。一方面,白噪声的谱宽无限大,而一般的系统都是有限带宽,系统中传输的噪声也是有限带宽;另一方面,白噪声是功率无限大的信号,而一般系统中的噪声都是功率有限型的。但是很多情况下噪声可以假设为白噪声,当噪声带宽远远大于信号带宽,且在信号带宽内为均匀谱时,可以认为是白噪声。通常情况下,分子运动引起的热噪声可以被假设为白噪声。因为白噪声的谱是常数,非常有利于信号估计中统计特性的显式表达,因此很多估计器,一般都是

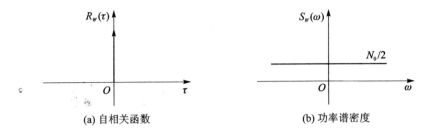

(a) 自相关函数　　　　　　　　　　(b) 功率谱密度

图 3.1　白噪声过程的自相关函数和功率谱密度

在白噪声的假设下推导出来的,例如卡尔曼滤波。

对于时间离散的白噪声过程,即白噪声序列,记为 $W(n)$,满足以下条件:

$$m_W = E[W(n)] = 0 \tag{3.1.2a}$$

$$\mathrm{cov}[W(n), W(m)] = \begin{cases} \sigma^2, & n = m \\ 0, & n \neq m \end{cases} \tag{3.1.2b}$$

图 3.2 给出了白噪声序列的一个样本函数,可以看出样本值围绕零均值变化很快,且随着时间的推移,变化幅度保持不变。

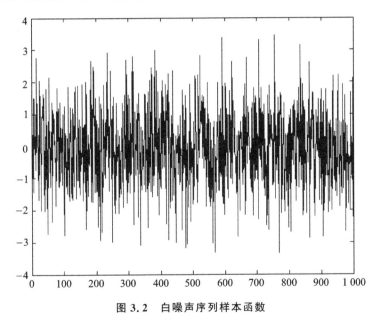

图 3.2　白噪声序列样本函数

思考题:如果对图 3.2 所示的白噪声序列进行低通滤波,输出信号的样本函数与白噪声样本函数相比将如何变化?

3.2　目标散射特性分析

雷达与地面目标的相互作用过程如图3.3所示。雷达发射机产生固定长度的脉冲,经过收发转换开关的控制,将发送脉冲输入天线。天线以G_t为发射增益,将输入的电磁能量向外辐射出去。电磁波遇到波束照射范围内的目标后,经过目标的散射,其中一部分电磁能量将返回到雷达的接收端。接收天线捕获该电磁能量,再次通过收发转换开关,将回波送入接收机。

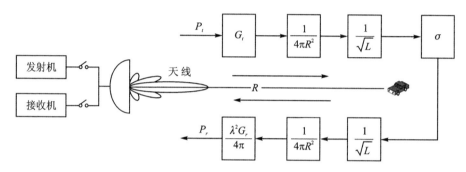

图3.3　雷达电磁波收发增益示意图

假设在雷达工作过程中的某一时刻,散射截面积为σ的目标被雷达的波束所照射,目标与雷达之间的单程距离为R,则目标的散射回波功率P_s可表示为

$$P_s = P_t \cdot G_t \cdot \frac{1}{4\pi R^2 \sqrt{L}} \cdot \sigma \tag{3.2.1}$$

式中:P_t为发射机功率;G_t为发射天线增益;L为系统和传输损耗。

对于单基雷达系统而言,可以近似认为系统和传输损耗在收发两端是一致的。相应地,接收天线处,回波的功率为

$$P_r = P_s \cdot \frac{1}{4\pi R^2 \sqrt{L}} \cdot \frac{\lambda^2 G_r}{4\pi} \tag{3.2.2}$$

式中:λ为波长;G_r为接收天线增益。

将式(3.1.1)代入可得到单基雷达方程的基本形式为

$$P_r = \frac{P_t G_t G_r \lambda^2}{(4\pi)^3 R^4 L} \cdot \sigma \tag{3.2.3}$$

上式表明,雷达回波功率的大小正比于目标的雷达截面积σ,不同地物目标的散射特性直接影响回波功率的大小。同时,雷达截面积σ不仅与电磁参数有关,如频率、极化、入射角等,而且与目标本身的性质有关,如形状、尺寸和目标材料的磁导率和介电常数等。通常,对于扩展目标(也称面目标),以地面一个分辨单元的面积S_i对σ进行归一化,得到单位面积的雷达散射截面积,即

$$\sigma^0 = \sigma/S_i \qquad (3.2.4)$$

其中,σ^0 又称为雷达后向散射系数,它可表征地物面目标对雷达照射波的散射能力。因此,雷达系统设计以及雷达图像分析都需要充分考虑地物目标的散射特性。

下面介绍地物目标散射特性的一般概念,并对地物散射特性的一般化模型做简要梳理。

电磁波照射在地面时,当地下介质近似均匀时,可以认为仅在地面上,即两种介质交界处,发生散射。当地面光滑时,仅存在镜像散射分量;随着地面越来越粗糙,后向散射增强,镜像散射减弱;当地面极度粗糙时,散射方向性图仅包含漫反射,散射系数与入射角 η 余弦的平方 $\cos^2 \eta$ 成正比。如果地面介质不均匀,则透射进入地下的一部分电磁波会被再次散射,并透过地面,从而形成了体散射效应。

通常采用地面高程的标准差 σ_h 与电磁波长相比较来对粗糙面进行判断,Fraunhofer 判据给出,当满足

$$\sigma_h < \frac{\lambda}{32\cos\eta} \qquad (3.2.5)$$

时,认为地面是光滑的。而根据瑞利判据,当

$$\sigma_h > \frac{\lambda}{8\cos\eta} \qquad (3.2.6)$$

时,可以认为地面是粗糙面。

远场理论给出,目标的雷达截面积仅在目标距离雷达较远的情况下才具有确定的数值。对于目标光滑表面,"远场"概念要求目标与雷达之间的距离满足 $R(\tau) > \frac{2(L_i + L_a)^2}{\lambda}$。其中,$\tau$ 表示雷达与目标的作用时间,L_i 和 L_a 分别表示目标和天线的最大横向尺寸。对于目标粗糙表面,要求 $R(\tau) > \frac{2l^2}{\lambda}$,其中 l 为表面粗糙度的相关长度,它被定义为当地形高程相关系数为 $1/e$ 时的空间间隔。

本节在远场条件下讨论目标散射模型。首先给出单一强散射体的散射特性,然后给出面目标场景散射模型。

3.2.1　强散射体目标

车辆、桥梁、建筑物等人工目标的雷达散射通常因为与地面形成角反射器或者含有金属,因而在一定角度上具有较强的回波功率,其散射方向图具有较强的方向性。这类目标被称为强散射体,其后向散射特性通常进行整体分析,用散射截面积来表示。

对于理想的金属球强散射体,假设散射在各方向上具有各向同性,则散射截面积为波束照射面积。例如,一个半径 R_s 大于电磁场波长的金属球,在不考虑损耗的情况下,其散射截面积为

$$\sigma = \pi R_s^2 \tag{3.2.7}$$

对于理想的平面金属板强散射体,在垂直入射方向上,若面积为 A,则散射面积为

$$\sigma = 4\pi A^2 / \lambda^2 \tag{3.2.8}$$

对于一根半波长的金属导体,其散射方向性图为

$$\sigma = \sigma_{max} \cos^4 \eta \tag{3.2.9}$$

3.2.2 扩展目标散射

面目标可看作是由多个点目标汇集而成的。点目标的排列和分布情况不同,直接影响面目标的形状和特性。根据粗糙度的不同,散射面可分为镜面、微粗糙面和极粗糙面等。当地表极其光滑时,电磁波表面发生镜面反射,反射波的辐射方向图为冲激函数,而散射波的强度为零。微粗糙面是极粗糙面与镜面的折中,其辐射方向性图中既包含了反射分量,同时也包含了散射分量。而当表面极度粗糙时,反射分量减小至零,具有较强的散射分量。

1. 球形点目标散射体模型

假设面目标由多个球形点散射体形成,各散射点在所处平面内相互独立,彼此之间不会相互影响。此时,后向散射系数是入射角的函数。

为方便说明,引入两个概念,即最大波束截面积与波束照射面积,其几何关系如图 3.4 所示。

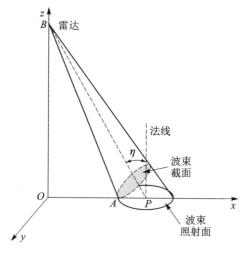

图 3.4 波束照射面积和截面积

在某一时刻,雷达波束以入射角 η 照射地面区域,并且 BP 为雷达波束的轴线。设雷达波束与 x-y 平面有一片相交的区域,该区域的面积称为波束照射面积 S_p。垂直于波束轴线 BP 可以截取出无数个圆形的波束截面,显然包含 A 点(与雷达相距最近的地面点)的波束截面具有最大面积 S_a,因此,称 S_a 为最大波束截面积。不

难看出，S_p 与 S_a 满足投影关系，即

$$S_a = \cos \eta \cdot S_p \qquad (3.2.10)$$

由于波束截面始终垂直于波束轴线，因此在天线发射功率一定的情况下，穿过 S_a 的波束功率的大小不随 η 的改变而改变，最大波束截面积 S_a 与 η 无关。根据式(3.2.10)，照射面积 S_p 势必会随 η 的增大而增大，从而单位照射面积上的散射功率会随 η 的增大而减小。假设散射不是各向同性，方向图也是按余弦定律下降，则后向散射系数为

$$\sigma^0(\theta) = \sigma^0(0)\cos^2 \eta \qquad (3.2.11)$$

式中：$\sigma^0(0)$ 为后向散射系数的最大值，即最小入射角下的后向散射系数。该模型可以近似反映理想粗糙表面的散射特性。

2. 粗糙面的小面单元模型

实际中粗糙面上的每个点，都会存在一个微小的四边形切平面，称这些微小的切平面为小面单元，其几何形状如图 3.5 所示。

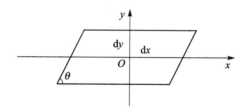

图 3.5　小面单元几何形状

自然场景中的粗糙面可近似表示为一连串的小面单元，同时还规定了四边形小面单元的宽度大于信号波长，分解示意图如图 3.6 所示。小面单元被当作光滑的小平面，电磁波入射到小面单元上发生镜面发射。表面的粗糙度越小，可无缝连接的小面单元就越多，从而合成的小面单元就越大，每块单独的小面单元的散射特性又由其大小决定。小面单元越大，其再辐射的方向性图就越窄。

图 3.6　粗糙面表示成小面单元集合体

Cascioli 根据最小二乘原理，给出了小面单元与场景表面的拟合函数 $F(a,b,c)$，核心思想在于使得小面单元的 4 个顶点与实际场景表面的距离最小，即

$$F(a,b,c) = \sum_{i=0}^{m}\sum_{j=0}^{p}(q_{ij}-z_{ij})^2 = \sum_{i=0}^{m}\sum_{j=0}^{p}(a_i\Delta x + b_j\Delta x + c - z_{ij})^2$$

$$(3.2.12)$$

式(3.2.12)中 $F(a,b,c)$ 表示小面单元的 4 个顶点到该平面距离的平方和；q_{ij}

与 z_{ij} 分别表示小面单元和场景相对参考点的高度；a 和 b 分别表示小面单元沿 x 轴和 y 轴的斜率；c 表示初始点高度；Δx 为空间采样率，x 轴与 y 轴有相同的空间采样间隔。式(3.2.12)最小时，可得出参数 a、b 和 c，之后即可确定小面单元的基本参数 $\mathrm{d}x$、$\mathrm{d}y$ 和 θ。

3. 微粗糙面模型

微粗糙面的散射方向图如图 3.7 所示，入射波以入射角 η 照射到微粗糙面一点，在照射点处同时发生反射和散射。

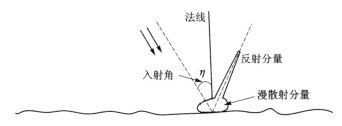

图 3.7　微粗糙面的散射方向图

Peake 推广了 Rice 关于散射场的数学分析方法，其后向散射系数的计算公式可适用于任意大小的散射角。Peake 将微粗糙面的后向散射系数计算公式表示为

$$\sigma_{ij}^0 = 4\pi \left(\frac{2\pi}{\lambda}\right)^4 \cos^4 \eta \, |T_{ij}|^2 W \tag{3.2.13}$$

式中：i 和 j 分别表示入射波的极化方式与散射波的极化方式；T_{ij} 表征目标自身性质和极化方式对后向散射系数的影响；W 称为"粗糙度谱密度"，其取值与表面的粗糙度、波长、入射角有关。在入射角较大的情形下，$\cos^4 \eta$ 这一项将对 σ_{ij}^0 的大小起决定性的作用。由于 Peake 公式没有忽略遮蔽因素和多次散射，因此该公式在微粗糙面的情况下计算出的结果很精确，可适用于入射角很大的环境。

在 $T_{\mathrm{VH}} = T_{\mathrm{HV}} = 0$ 的条件下，可写出式(3.2.13)中 T_{ij} 在水平极化与垂直极化方式下的表达式

$$T_{\mathrm{HH}} = \frac{(\mu_r - 1)\left[(\mu_r - 1)\cos^2 \eta + \varepsilon_r \mu_r\right] - \mu_r^2(\varepsilon_r - 1)}{\left(\mu_r \sin \eta + \sqrt{\varepsilon_r \mu_r - \cos^2 \eta}\right)^2} \tag{3.2.14}$$

$$T_{\mathrm{VV}} = \frac{(\varepsilon_r - 1)\left[(\varepsilon_r - 1)\cos^2 \eta + \varepsilon_r \mu_r\right] - \varepsilon_r^2(\mu_r - 1)}{\left(\varepsilon_r \sin \eta + \sqrt{\varepsilon_r \mu_r - \cos^2 \eta}\right)^2} \tag{3.2.15}$$

式中：μ_r 为相对磁导率；ε_r 为相对复数介电常数。

对于一个各向同性的微粗糙面，粗糙度谱密度可表示成表面的自相关函数与高度起伏均方根的函数。

$$W = \frac{2\sigma_h^2}{\pi} \int_0^\infty r\rho(r) J_0(2kr\sin \eta) r \, \mathrm{d}r \tag{3.2.16}$$

式中：σ_h^2 为微粗糙表面高程的方差；$\rho(r)$ 为表面自相关系数；$k = \dfrac{2\pi}{\lambda}$；$J_0(\cdot)$ 为零阶

贝塞尔函数。

用 $h(x,y)$ 表示微粗糙表面上各点相对于基准点的高度差,基准点的高度为面上所有点的平均高度,由此可写出微粗糙面的高度方差和自相关系数分别为

$$\sigma_h^2 = \frac{1}{L_x L_y} \int_{-L_y/2}^{L_y/2} \int_{-L_x/2}^{L_x/2} h^2(x,y)\mathrm{d}x\mathrm{d}y \tag{3.2.17a}$$

$$\rho(r) = \rho\left(\sqrt{x^2+y^2}\right)$$
$$= \frac{\int_{-L_y/2}^{L_y/2} \int_{-L_x/2}^{L_x/2} h(x',y')h(x'+x,y'+y)\mathrm{d}x'\mathrm{d}y'}{\int_{-L_y/2}^{L_y/2} \int_{-L_x/2}^{L_x/2} h^2(x,y)\mathrm{d}x\mathrm{d}y} \tag{3.2.17b}$$

> **思考题**:实际中什么目标可以假设为强散射体目标?什么目标可以被认为是扩展目标?试举两例说明。

3.3　特定场景的随机过程建模及其散射统计特性

地面散射是一个非常复杂的过程,目前对此方面的分析主要是通过试验测量来进行研究,理论模型还不完善。因此对于这一随机过程的研究,只能通过测量获得其均值、方差、自相关函数等数字特征,而很难给出其概率分布特性。

但是在很多研究中,经常将地面散射假设为理想的模型,常用的理想模型主要有均匀面目标模型和理想孤立点目标模型。

3.3.1　均匀场景面目标

远场条件下,地面散射实际上是很多独立散射体共同作用的结果。可以认为这些散射体随机分布,并且相互独立,单一散射体对整个观测带的回波总功率影响极小。鉴于此,可通过对多个散射体的观测,来建立地面场景的统计模型。

均匀场景地面点 (r,x) 处面积为 $\delta_r \times \delta_x$ 的小面单元散射场由 N 个独立、均匀的散射体形成,假设每个散射体的雷达截面积为 σ_c,随机相位为 $\varphi_k(k=1,\cdots,N)$,则多个点散射体构成的目标散射系数 $\sigma(r,x)$ 可表示为

$$\sigma(r,x) = \frac{\left| \sum_{k=1}^{N} \sqrt{\sigma_c}\,\mathrm{e}^{\mathrm{j}\varphi_k} \right|^2}{\delta_r \times \delta_x} \tag{3.3.1}$$

因为 φ_k 是随机变量,因此地面上某点处的散射系数也是随机变量,整个地面场景的散射系数为随机过程。

对于均匀非相干的点散射体,有散射系数的均值为

$$m_\sigma = E[\sigma(r,x)] = \sum_{k=1}^{N} \frac{\sigma_c}{\delta_r \times \delta_x} = \frac{N\sigma_c}{\delta_r \times \delta_x} \tag{3.3.2}$$

而完全相干的点散射体,则有

$$\sigma(r,x) = \frac{\left(\sum\limits_{k=1}^{N} \sqrt{\sigma_c}\right)^2}{\delta_r \times \delta_x} = \frac{N^2 \sigma_c}{\delta_r \times \delta_x} \tag{3.3.3}$$

一般地,地面的散射场由常数分量、相干分量和非相干分量组成,而粗糙面的散射场可以假设仅包含非相干分量。对于无占优散射体的粗糙面均匀场景,由式(3.3.1)可以看出,其复散射具有均匀分布的随机相位,因此复散射的均值为零。令 $N\sigma_c/(\delta_r \times \delta_x) = \frac{\sigma^2}{2}$,则由式(3.3.2)得其散射系数的均值为 $\frac{\sigma^2}{2}$。

因此,对均匀场景的散射特性可以做如下假设:

(1) 复散射是一个均值为零的复广义平稳随机过程;

(2) 散射系数的均值在整个均匀场景中为常数,即 $\frac{\sigma^2}{2}$;

(3) 不同地面点之间的复散射在统计意义下互不相关,即

$$R_\sigma(\Delta r, \Delta x) = \frac{\sigma^2}{2}\delta(\Delta r, \Delta x) \tag{3.3.4}$$

也就是假设场景是具有均匀功率谱密度 $\frac{\sigma^2}{2}$ 的白噪声场景。

3.3.2 孤立强散射体目标

远场条件下,地面点 (r,x) 处的孤立强散射体目标在某一个观测时刻的散射截面积为 σ_B^2,相位为 φ_B,则其复散射为

$$s_{\text{scat}}(r,x) = \sigma_B \mathrm{e}^{\mathrm{j}\varphi_B} \tag{3.3.5}$$

其中,σ_B 和 φ_B 均为确定参数。因此,孤立强散射体的散射特性可以由一个确定性的复数表示。

对于叠加均匀场景背景的强散射体目标,则有:

(1) 复散射是一个均值为 $\sigma_B \mathrm{e}^{\mathrm{j}\varphi_B}$ 的复随机变量;

(2) 均方值,即散射系数为 $\frac{\sigma^2}{2} + \sigma_B^2$,方差为 $\frac{\sigma^2}{2}$。

而对于叠加了强散射体目标的均匀场景,其不再是一个平稳随机过程,这是因为其均值不是一个常数,而是

$$m_{\text{scat}}(r',x') = \begin{cases} \sigma_B \mathrm{e}^{\mathrm{j}\varphi_B}, & r'=r, x'=x \\ 0, & \text{其他} \end{cases} \tag{3.3.6}$$

自相关函数不仅与空间间隔有关,还与有空间位置有关,即

$$R_{\mathrm{scat}}(r',x';r'-\Delta r,x'-\Delta x) = \begin{cases} \left(\dfrac{\sigma^2}{2}+\sigma_B^2\right)\delta(\Delta r,\Delta x), & r'=r,x'=x \\[3mm] \dfrac{\sigma^2}{2}\delta(\Delta r,\Delta x), & \text{其他} \end{cases}$$

$$(3.3.7)$$

可以看出,孤立强散射体目标的自相关函数仍表示为空间间隔的函数,其功率谱密度仍然呈现带宽无穷大的白噪声特性,因此在后面的分析中,带有孤立强散射体目标的均匀场景亦被认为是一个均值不为零的白噪声场景。

3.3.3　场景仿真

利用随书所附的"《微波成像雷达信号统计特性》配套软件",生成均匀场景面目标,如图 3.8(a)所示,其时间自相关函数如图 3.8(b)所示。利用随机过程的各态历经性,可以认为时间自相关函数等于自相关函数,因此对图 3.8(b)进行傅里叶变换,得到功率谱密度如图 3.8(c)所示。

可以看出生成的均匀面目标场景自相关函数近似为冲激函数,功率谱密度为常数,符合白噪声过程的特性。

> **思考题**：在图 3.8 的基础上,试推导以均匀面目标场景为背景的孤立强散射体目标的自相关函数和功率谱密度。

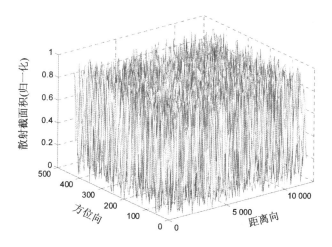

(a) 均匀场景散射截面积

图 3.8　均匀面目标场景仿真结果

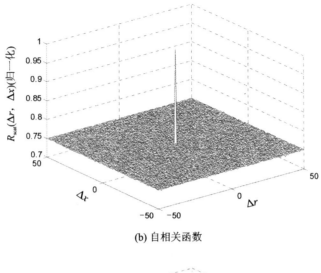

(b) 自相关函数

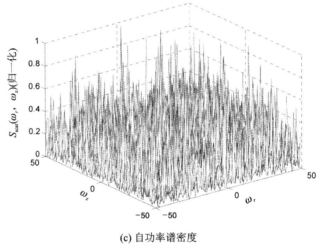

(c) 自功率谱密度

图 3.8　均匀面目标场景仿真结果(续)

第4章 微波成像雷达回波信号统计特性
——窄带随机过程

　　SAR 系统工作在微波频段,接收到的是地面目标的后向散射能量,一般比较弱,需要进行多级放大。现代雷达信号的处理基本上都是通过模拟/数字(A/D)转换后的数字信号,考虑到 A/D 可能会在中频进行,故本章对 SAR 回波信号统计特性的分析从中频信号开始,并最终给出视频 SAR 回波信号的统计特性。为下一章视频 SAR 回波信号经过成像处理后形成的 SAR 图像统计特性分析奠定基础。

4.1　窄带随机过程

　　在通信系统中,调制信号的中心频率常远大于信号的带宽,这种信号被称为窄带信号,考虑到噪声的存在,由窄带随机过程表示。因此,一般高频或者中频滤波输出的信号都由窄带随机过程建模。

　　接收信号之后,需要将窄带过程解调为低频信号后进行处理,因此不仅要研究窄带过程的统计特性,还需要分析窄带过程统计特性与解调后低频信号统计特性之间的关系。

4.1.1　定　义

　　定义 4.1　窄带随机过程:若二阶矩过程 $X(t)$ 的中心频率 ω_0 远大于其带宽 $\Delta\omega$,即 $\omega_0 \gg \Delta\omega$,一般为 10 倍以上,则称 $X(t)$ 为窄带随机过程,简称窄带过程。

　　在实际工程实现中,窄带过程一般为实过程,其可以表示为

$$X(t) = A(t)\cos[\omega_0 t + \Phi(t)] \tag{4.1.1}$$

其中,$A(t)$ 和 $\Phi(t)$ 为随机幅度和随机相位,ω_0 为中心频率,是确定量。可以看出窄带过程的统计特性主要由其幅度和相位来确定,表现为低频特性。中心频率仅起到一个调制作用,为了简化研究,常将窄带过程表示为

$$\begin{aligned}X(t) &= A(t)\cos[\Phi(t)]\cos(\omega_0 t) - A(t)\sin[\Phi(t)]\sin(\omega_0 t)\\ &= X_c(t)\cos(\omega_0 t) - X_s(t)\sin(\omega_0 t)\end{aligned} \tag{4.1.2}$$

式中:$X_c(t) = A(t)\cos[\Phi(t)]$,$X_s(t) = A(t)\sin[\Phi(t)]$ 分别称为窄带过程 $X(t)$ 的同相分量和正交分量。

　　观察知道,同相和正交分量能够代表窄带过程的统计特性,而且不受中心频率的影响,呈现低频特性;同相和正交分量之间仅差 $\pi/2$ 的相位,窄带平稳过程条件下它们具有相同的均值和自相关函数。因此,一般对窄带过程统计特性的研究主要是通

过对其同相和正交分量统计特性的研究来进行的。

窄带过程的幅度和相位由同相和正交分量分别表示为

$$A(t) = \sqrt{X_c^2(t) + X_s^2(t)}, \quad \Phi(t) = \arctan\frac{X_s(t)}{X_c(t)} \tag{4.1.3}$$

4.1.2　统计特性

窄带过程的统计特性通常可以由其同相和正交分量的统计特性来表示。对于零均值的窄带平稳过程 $X(t)$,推导可得,其自相关函数由同相和正交分量的数字特征表示为

$$R_X(\tau) = R_{X_c}(\tau)\cos(\omega_0\tau) + R_{X_cX_s}(\tau)\sin(\omega_0\tau) \tag{4.1.4}$$

对应的功率谱密度为

$$S_X(\omega) = \frac{1}{2}[S_{X_c}(\omega-\omega_0) + S_{X_c}(\omega+\omega_0)] + \frac{1}{2j}[S_{X_cX_s}(\omega-\omega_0) - S_{X_cX_s}(\omega+\omega_0)] \tag{4.1.5}$$

同样,也可以由窄带过程的数字特征确定其同相和正交分量的数字特征。令零均值窄带实平稳过程 $X(t)$ 的希尔伯特变换 $\hat{X}(t)$ 为

$$\hat{X}(t) = X(t) * \frac{1}{\pi t} \tag{4.1.6}$$

代入式(4.1.2),得

$$\hat{X}(t) = X_c(t)\sin(\omega_0 t) + X_s(t)\cos(\omega_0 t) \tag{4.1.7}$$

可以求得 $\hat{X}(t)$ 的均值为零,自相关函数和自功率谱密度分别为

$$R_{\hat{X}}(\tau) = R_X(\tau) * \frac{1}{\pi\tau} * \left(-\frac{1}{\pi\tau}\right)$$
$$= R_{X_c}(\tau)\cos(\omega_0\tau) + R_{X_cX_s}(\tau)\sin(\omega_0\tau) = R_X(\tau) \tag{4.1.8a}$$

$$S_{\hat{X}}(\omega) = S_X(\omega) \tag{4.1.8b}$$

$X(t)$ 与 $\hat{X}(t)$ 的互相关函数和互功率谱密度分别为

$$R_{\hat{X}X}(\tau) = R_X(\tau) * \frac{1}{\pi\tau} = R_{X_c}(\tau)\sin(\omega_0\tau) - R_{X_cX_s}(\tau)\cos(\omega_0\tau) \tag{4.1.8c}$$

$$S_{\hat{X}X}(\omega) = \frac{1}{2j}[S_{X_c}(\omega-\omega_0) - S_{X_c}(\omega+\omega_0)] - \frac{1}{2}[S_{X_cX_s}(\omega-\omega_0) + S_{X_cX_s}(\omega+\omega_0)] \tag{4.1.8d}$$

联合式(4.1.2)和式(4.1.7),则有

$$X_c(t) = X(t)\cos(\omega_0\tau) + \hat{X}(t)\sin(\omega_0\tau) \tag{4.1.9a}$$

$$X_s(t) = \hat{X}(t)\cos(\omega_0\tau) - X(t)\sin(\omega_0\tau) \tag{4.1.9b}$$

推导可得同相和正交分量的相关函数和功率谱密度分别为

$$R_{X_c}(\tau) = R_{X_s}(\tau) = R_X(\tau)\cos(\omega_0\tau) + \hat{R}_X(\tau)\sin(\omega_0\tau) \tag{4.1.10a}$$

$$R_{X_c X_s}(\tau) = -R_{X_s X_c}(\tau) = R_X(\tau)\sin(\omega_0\tau) - \hat{R}_X(\tau)\cos(\omega_0\tau) \tag{4.1.10b}$$

$$S_{X_c}(\omega) = S_{X_s}(\omega) = \begin{cases} S_X(\omega - \omega_0) + S_X(\omega + \omega_0), & |\omega| \leqslant \Delta\omega/2 \\ 0, & \text{其他} \end{cases} \tag{4.1.10c}$$

$$S_{X_c X_s}(\omega) = -S_{X_s X_c}(\omega) = \begin{cases} j[S_X(\omega - \omega_0) - S_X(\omega + \omega_0)], & |\omega| \leqslant \Delta\omega/2 \\ 0, & \text{其他} \end{cases}$$

$$\tag{4.1.10d}$$

> **思考题**：试推导以平稳窄带过程为实部，其希尔伯特变换为虚部的复随机过程的均值、自相关函数和自功率谱密度。

4.2　中频回波信号统计特性

由第 2 章可知，中频回波信号的中心频率 ω_c 远大于其带宽 $\Delta\omega$（工程上一般 10 倍以上就可以认为是"远大于"），因此它是一个窄带信号。假设地面场景是平稳随机过程，同时在接收中还会引入平稳噪声，因此中频回波是一个窄带平稳随机过程。下面将应用上节中关于窄带随机过程的相关理论，对 SAR 回波信号的统计特性进行分析。

4.2.1　一维中频回波信号统计特性

窄带随机过程可以表示为相位与幅度随机的余弦波，见式（4.1.1）。所以包含噪声的 SAR 中频回波可以表示为

$$\begin{aligned} E_n(t) &= E_s(t) + n(t) \\ &= A_E(t)\cos[\omega_c t + \Phi_E(t)] + A_n(t)\cos[\omega_c t + \Phi_n(t)] \end{aligned} \tag{4.2.1}$$

式中：$E_s(t)$ 为地面场景后向散射信号经过 SAR 接收后形成的中频回波信号；$A_E(t)$ 为中频回波幅度；$\Phi_E(t)$ 为中频回波相位；$n(t)$ 为高斯白噪声经过理想带通网络之后输出的窄带噪声；$A_n(t)$ 为窄带噪声幅度；$\Phi_n(t)$ 为窄带噪声相位。且有

$$E_s(t) = A_E(t)\cos[\omega_c t + \Phi_E(t)] \tag{4.2.2a}$$

$$n(t) = A_n(t)\cos[\omega_c t + \Phi_n(t)] \tag{4.2.2b}$$

因为窄带过程零频处功率为零，显然有均值为零，即

$$m_E = E[E_s(t)] = 0 \tag{4.2.3a}$$

$$m_n = E[n(t)] = 0 \tag{4.2.3b}$$

令地物场景的功率谱密度为 $S_{\text{scat}}(\omega)$，其谱宽远大于 SAR 系统的带宽；一般系

统噪声为零均值高斯白噪声,令其功率谱密度为 $N_0/2$,则中频回波和窄带噪声的自功率谱密度分别为

$$S_E(\omega) = \begin{cases} \dfrac{K_E^2 S_{scat}(\omega)}{4b}, & |\omega \pm \omega_c| \leqslant \dfrac{\Delta\omega}{2} \\ 0, & \text{其他} \end{cases} \qquad (4.2.4a)$$

$$S_n(\omega) = \begin{cases} \dfrac{K_E^2 N_0}{2}, & |\omega \pm \omega_c| \leqslant \dfrac{\Delta\omega}{2} \\ 0, & \text{其他} \end{cases} \qquad (4.2.4b)$$

其中,式(4.2.4a)含有因子 $\dfrac{1}{4b}$ 是因为回波信号是由线性调频信号卷积地面散射特性而得到的,其功率谱应为地面场景功率谱乘以线性调频信号幅频特性的模平方。而热噪声则是直接通过带通网络,因此没有线性调频信号引入的因子。

对式(4.2.4)进行傅里叶反变换,就可以得到中频回波和窄带噪声的自相关函数。根据随机过程数字特征之间的关系,以及自相关函数与功率谱密度之间的关系,可以求得中频回波和窄带噪声的方差为

$$\sigma_E^2 = D\big[E_s(t)\big] = R_E(0) = \frac{1}{2\pi}\int_{-\infty}^{\infty} S_E(\omega)\,\mathrm{d}\omega$$

$$= \frac{1}{\pi}\int_{\omega_c-\frac{\Delta\omega}{2}}^{\omega_c+\frac{\Delta\omega}{2}} K_E^2 S_{scat}(\omega)/(4b)\,\mathrm{d}\omega \qquad (4.2.5a)$$

$$\sigma_n^2 = D\big[n(t)\big] = R_n(0) = \frac{1}{2\pi}\int_{-\infty}^{\infty} S_n(\omega)\,\mathrm{d}\omega = K_E^2 N_0 \Delta\omega/2\pi \qquad (4.2.5b)$$

一般情况下很难得到回波信号的概率密度函数,其统计特性主要由均值、方差、相关函数和功率谱密度等数字特征来描述。但是当输入为高斯分布时,根据高斯分布通过线性系统仍是高斯分布的性质,可以推导出回波信号的概率密度函数。

1. 均匀场景的一维中频 SAR 回波信号统计特性

假设输入的地面场景为均匀场景,其可以假设为白噪声,采用归一化的收发功率,不考虑带通网络增益,则 SAR 中频回波信号的自功率谱密度为

$$S_E(\omega) = \begin{cases} \dfrac{\sigma^2}{8b}, & |\omega \pm \omega_c| \leqslant \dfrac{\Delta\omega}{2} \\ 0, & \text{其他} \end{cases} \qquad (4.2.6)$$

其中,$\dfrac{\sigma^2}{2}$ 为场景的后向散射强度。因此,自相关函数为

$$R_E(\tau) = \frac{\sigma^2 \Delta\omega}{8\pi b} \mathrm{sinc}\left(\frac{\Delta\omega\tau}{2}\right)\cos(\omega_c\tau) \qquad (4.2.7)$$

方差为

$$\sigma_E^2 = \frac{\sigma^2 \Delta\omega}{8\pi b} \qquad (4.2.8)$$

　　图 4.1 给出了当输入为均匀场景时,中频回波的自功率谱密度和自相关函数的示意图。可以看出,实际场景目标特性表现为低频特性,因为载波的存在,使得中频信号统计特性在载频附近变化。

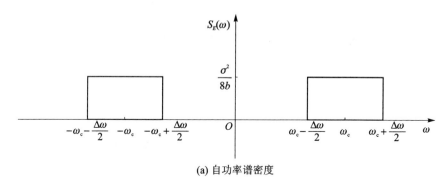

(a) 自功率谱密度

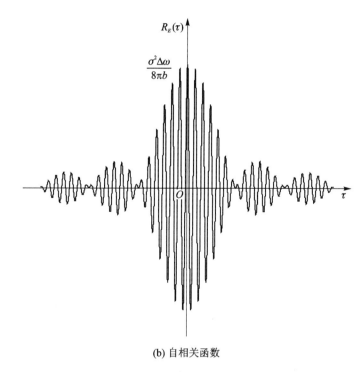

(b) 自相关函数

图 4.1　均匀场景的中频回波统计特性

2. 孤立强散射体目标场景的一维中频回波信号统计特性

　　考虑到在均匀场景中难免会出现孤立的强散射目标,下面讨论强散射目标场景的一维中频 SAR 回波信号统计特性。假设在均匀场景中有一强散射目标,它以较高的强度向外辐射电磁能量。经过雷达接收机的滤波网络,该散射体对中频 SAR 回波的贡献分量 $E_B(t)$ 可用随机相位余弦波来建模,有

$$E_B(t) = B\cos(\omega_c t + \Theta) \tag{4.2.9}$$

其中，$E_B(t)$ 的幅度 B 较大，并且随时间变化较慢，可近似认为幅度 B 为一常数；随机相位 Θ 在 $[0, 2\pi]$ 内均匀分布。令 $E_B(t)$ 的均值为 m_B，则有

$$m_B = E[E_B(t)] = 0 \tag{4.2.10}$$

SAR 系统为一线性系统，故强散射目标场景的含噪一维中频 SAR 回波 $E_n'(t)$ 可表示为

$$E_n'(t) = E_s(t) + E_B(t) + n(t) \tag{4.2.11}$$

令 $E_s(t) + E_B(t) = E_Y(t)$，则

$$E_n'(t) = E_Y(t) + n(t) \tag{4.2.12}$$

与式（4.2.1）相比较，式（4.2.11）叠加了强散射体的回波分量，并且 $E_B(t)$、$E_s(t)$ 与 $n(t)$ 统计独立。

令 $t_1 - t_2 = \tau$，中频回波的自相关函数 $R_{E_Y}(t_1, t_2)$ 为

$$
\begin{aligned}
R_{E_Y}(t_1, t_2) &= E\{[E_s(t_1) + E_B(t_1)] \cdot [E_s^*(t_2) + E_B^*(t_2)]\} \\
&= E[E_s(t_1) E_s^*(t_2)] + E[E_B(t_1) E_B^*(t_2)] \\
&= R_E(\tau) + R_B(\tau) \\
&= R_{E_Y}(\tau) \tag{4.2.13}
\end{aligned}
$$

代入式（4.2.7），有

$$R_{E_Y}(\tau) = \frac{\sigma^2 \Delta\omega}{8\pi b} \operatorname{sinc}\left(\frac{\Delta\omega\tau}{2}\right) \cos(\omega_c\tau) + \frac{B^2}{2}\cos(\omega_c\tau) \tag{4.2.14}$$

令 $\tau = 0$，可得到方差 $\sigma_{E_Y}^2$

$$\sigma_{E_Y}^2 = \frac{\sigma^2 \Delta\omega}{8\pi b} + \frac{B^2}{2} \tag{4.2.15}$$

相应地，可进一步计算出 $E_Y(t)$ 的功率谱密度 $S_{E_Y}(\omega)$，即

$$S_{E_Y}(\omega) = \begin{cases} \dfrac{\sigma^2}{8b} + \dfrac{B^2}{2}\pi[\delta(\omega + \omega_c) + \delta(\omega - \omega_c)], & |\omega \pm \omega_c| \leqslant \dfrac{\Delta\omega}{2} \\ 0, & \text{其他} \end{cases} \tag{4.2.16}$$

强点目标场景的自相关函数和自功率谱密度如图 4.2 所示。相比均匀场景，该场景下的自相关函数增加了强点目标的自相关函数分量；功率谱也相应地叠加了强点目标贡献的分量，即强度为 $\dfrac{B^2}{2}\pi$ 的冲激函数。

思考题：通过比较均匀目标场景与强散射体目标场景的均值与自相关函数、自功率谱密度等特征，说明它们的统计特性的区别与联系。

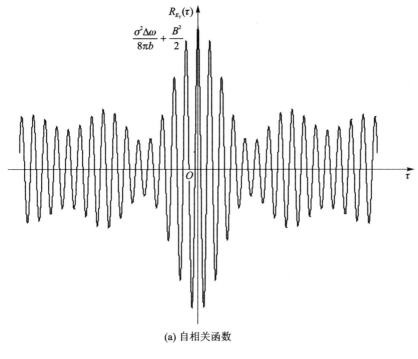

(a) 自相关函数

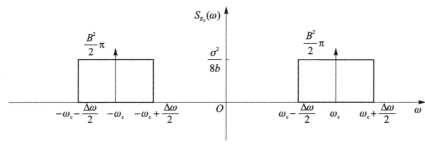

(b) 自功率谱密度

图 4.2　强散射目标场景的中频回波统计特性

4.2.2　二维中频回波信号统计特性

参照 4.2.1 小节的过程,令地面场景的二维功率谱密度为 $S_{scat}(\omega_r,\omega_x)$,则二维中频回波和二维窄带噪声的自功率谱密度分别为

$$S_E(\omega_r,\omega_x)=\begin{cases} K_E^2\left[\dfrac{S_{scat}(\omega_r-\omega_c,\omega_x)}{4bf_{dr1}}+\dfrac{S_{scat}(\omega_r+\omega_c,\omega_x)}{4bf_{dr2}}\right], & \begin{array}{l}|\omega_r\pm\omega_c|\leqslant\pi bT_P\\|\omega_x|\leqslant\pi f_{dr}T_S\end{array}\\ 0, & \text{其他}\end{cases}$$

$$(4.2.17a)$$

$$S_n(\omega_r, \omega_x) = \begin{cases} \dfrac{K_E^2 N_0}{2}, & |\omega_r \pm \omega_c| \leqslant \pi b T_P \\ 0, & \text{其他} \end{cases} \tag{4.2.17b}$$

利用上式给出的功率谱密度可以求得自相关函数和均值、方差等其他前两阶数字特征。

1. 均匀场景的二维中频回波信号统计特性

同样采用归一化的收发功率，不考虑带通网络增益，则二维中频 SAR 回波信号的自功率谱密度为

$$S_E(\omega_r, \omega_x) = \begin{cases} \dfrac{\sigma^2}{8b f_{\text{dr2}}}, & |\omega_r + \omega_c| \leqslant \pi b T_P, \quad |\omega_x| \leqslant \pi f_{\text{dr2}} T_S \\ \dfrac{\sigma^2}{8b f_{\text{dr1}}}, & |\omega_r - \omega_c| \leqslant \pi b T_P, \quad |\omega_x| \leqslant \pi f_{\text{dr1}} T_S \\ 0, & \text{其他} \end{cases} \tag{4.2.18}$$

其中，$\sigma^2/2$ 为场景的后向散射强度。令 $f_{\text{dr0}} = \dfrac{f_{\text{dr2}} + f_{\text{dr1}}}{2} \approx f_{\text{dr2}} \approx f_{\text{dr1}}$，则自相关函数为

$$R_E(\tau_r, \tau_x) \approx \frac{\sigma^2 T_P T_S}{4} \operatorname{sinc}\left(\frac{\tau_r}{\rho_r}\pi\right) \operatorname{sinc}\left(\frac{\tau_x}{\rho_x}\pi\right) \cos(\omega_c \tau_r) \tag{4.2.19}$$

方差为

$$\sigma_E^2 \approx \frac{\sigma^2 T_P T_S}{4} \tag{4.2.20}$$

其中，$\rho_r = \dfrac{1}{b T_P}$，$\rho_x = \dfrac{1}{f_{\text{dr}} T_S}$。

2. 孤立强散射体目标场景的二维中频回波信号统计特性

与式(4.2.19)相类似，二维自相关函数 $R_Y(\tau_r, \tau_x)$ 为

$$R_Y(\tau_r, \tau_x) \approx \frac{\sigma^2 T_P T_S}{4} \operatorname{sinc}\left(\frac{\tau_r}{\rho_r}\pi\right) \operatorname{sinc}\left(\frac{\tau_x}{\rho_x}\pi\right) \cos(\omega_c \tau_r) + \frac{B^2}{2}\cos(\omega_c \tau_r) \tag{4.2.21}$$

均方值为

$$E[E_Y^2(t_r, t_x)] = R_Y(0,0) \approx \frac{\sigma^2 T_P T_S}{4} + \frac{B^2}{2} \tag{4.2.22}$$

进而自功率谱密度为

$$S_Y(\omega_r, \omega_x) = \begin{cases} \dfrac{\sigma^2}{8b f_{\text{dr2}}} + B^2 \pi^2 \delta(\omega_r + \omega_c)\delta(\omega_x), & |\omega_r + \omega_c| \leqslant \pi b T_P, \quad |\omega_x| \leqslant \pi f_{\text{dr2}} T_S \\ \dfrac{\sigma^2}{8b f_{\text{dr1}}} + B^2 \pi^2 \delta(\omega_r - \omega_c)\delta(\omega_x), & |\omega_r - \omega_c| \leqslant \pi b T_P, \quad |\omega_x| \leqslant \pi f_{\text{dr1}} T_S \\ 0, & \text{其他} \end{cases} \tag{4.2.23}$$

> **思考题**：通过比较一维回波与二维回波的自相关函数与自功率谱密度，分析它们统计特性之间的区别与联系。

4.3　窄带随机过程用于视频回波信号统计特性分析

4.3.1　一维视频回波信号统计特性

根据式(4.1.2)，将式(4.2.1)写成同相分量和正交分量的形式，有

$$E_s(t) = X_{Ec}(t)\cos(\omega_c t) - X_{Es}(t)\sin(\omega_c t) \tag{4.3.1a}$$

$$E_n(t) = X_{nc}(t)\cos(\omega_c t) - X_{ns}(t)\sin(\omega_c t) \tag{4.3.1b}$$

其中，$X_{Ec}(t) = A_E(t)\cos[\Phi_E(t)]$，$X_{Es}(t) = A_E(t)\sin[\Phi_E(t)]$ 为回波的同相和正交分量；$X_{nc}(t) = A_n(t)\cos[\Phi_n(t)]$，$X_{ns}(t) = A_n(t)\sin[\Phi_n(t)]$ 为噪声的同相和正交分量。从图 2.6 可以看出，同相分量就是解调之后的 I 路低频模拟信号，正交分量则是解调之后的 Q 路低频模拟信号。因此，视频回波信号的统计特性分析就是对同相和正交分量的统计特性进行分析。

令地面场景的自功率谱如图 4.3(a)所示，在频域分析同相分量和正交分量的统计特性：经理想带通网络后，中频回波的自功率密度如图 4.3(b)所示。对中频回波进行正交解调，即式(4.3.1a)乘以 $\cos(\omega_c t)$，然后进行低通滤波，得到回波同相分量的自功率谱密度如图 4.3(c)所示；式(4.3.1a)乘以 $\sin(\omega_c t)$，低通滤波得到回波正交分量的自功率谱密度如图 4.3(d)所示。由式(4.1.10d)，可以得到同相与正交分量的互功率谱密度如图 4.3(e)所示。

在推导出功率谱密度之后，根据功率谱密度与相关函数之间的关系，可以求得时域的数字特征。

> **思考题**：当同相分量与正交分量的自功率谱密度关于零频对称时，试分析它们的互相关性。

1. 均匀场景的一维视频回波信号统计特性

(1) 数字特征

假设输入地面场景为白噪声，显然有回波同相和正交分量的均值均为零。将式(4.2.6)和式(4.2.7)代入式(4.1.10c)可以求得回波同相和正交分量的自功率谱密度为

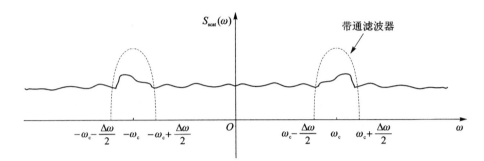

(a) 场景的自功率谱密度

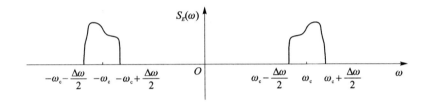

(b) 中频回波的自功率谱密度

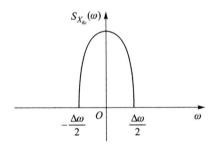

(c) 同相分量的自功率谱密度

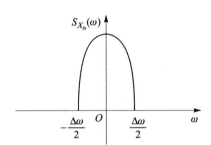

(d) 正交分量的自功率谱密度

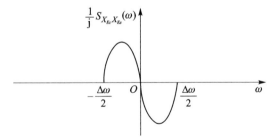

(e) 同相与正交分量的互功率谱密度

图 4.3　回波信号的功率谱密度

$$S_{X_{Ec}}(\omega) = S_{X_{Es}}(\omega) = \begin{cases} S_E(\omega - \omega_c) + S_E(\omega + \omega_c), & |\omega| \leqslant \dfrac{\Delta\omega}{2} \\ 0, & \text{其他} \end{cases}$$

$$= \begin{cases} \dfrac{\sigma^2}{4b}, & |\omega| \leqslant \dfrac{\Delta\omega}{2} \\ 0, & \text{其他} \end{cases} \tag{4.3.2a}$$

对应的自相关函数为

$$R_{X_{Ec}}(\tau) = R_{X_{Es}}(\tau) = R_E(\tau)\cos(\omega_c\tau) + \hat{R}_E(\tau)\sin(\omega_c\tau)$$

$$= \frac{\sigma^2\Delta\omega}{8\pi b}\text{sinc}\left(\frac{\Delta\omega\tau}{2}\right) \tag{4.3.2b}$$

回波同相和正交分量的互功率谱密度为

$$S_{X_{Ec}X_{Es}}(\omega) = -S_{X_{Ec}X_{Es}}(\omega)$$

$$= \begin{cases} j[S_E(\omega - \omega_c) - S_E(\omega + \omega_c)], & |\omega| \leqslant \dfrac{\Delta\omega}{2} \\ 0, & \text{其他} \end{cases}$$

$$= 0 \tag{4.3.2c}$$

对应的互相关函数为

$$R_{X_{Ec}X_{Es}}(\tau) = R_{X_{Ec}X_{Es}}(-\tau)$$

$$= R_E(\tau)\sin(\omega_c\tau) - \hat{R}_E(\tau)\cos(\omega_c\tau) = 0 \tag{4.3.2d}$$

根据工程中平稳随机过程的均值平方可以近似为自相关函数在无穷远处的值，可以近似得到

$$m_{X_{Es}} = m_{X_{Ec}}(\tau) \approx 0 \tag{4.3.2e}$$

对式(4.3.2a)在整个频域的积分，得到回波同相与正交分量的功率，即回波同相与正交分量的方差，为

$$\sigma^2_{X_{Ec}} = \sigma^2_{X_{Es}} = \frac{\sigma^2\Delta\omega}{8\pi b} = \frac{\sigma^2\Delta f}{4b} \tag{4.3.2f}$$

同样的过程，可以求出噪声同相和正交分量的功率谱密度和相关函数分别为

$$S_{X_{nc}}(\omega) = S_{X_{ns}}(\omega) = \begin{cases} S_n(\omega - \omega_c) + S_n(\omega + \omega_c), & |\omega| \leqslant \dfrac{\Delta\omega}{2} \\ 0, & \text{其他} \end{cases}$$

$$= \begin{cases} N_0, & |\omega| \leqslant \dfrac{\Delta\omega}{2} \\ 0, & \text{其他} \end{cases} \tag{4.3.3a}$$

$$R_{X_{nc}}(\tau) = R_{X_{ns}}(\tau) = R_n(\tau)\cos(\omega_c\tau) + \hat{R}_n(\tau)\sin(\omega_c\tau)$$

$$= \frac{N_0\Delta\omega}{2\pi}\text{sinc}\left(\frac{\Delta\omega\tau}{2}\right) \tag{4.3.3b}$$

$$S_{X_{nc}X_{ns}}(\omega) = -S_{X_{ns}X_{nc}}(\omega)$$

$$= \begin{cases} \mathrm{j}[S_n(\omega - \omega_c) - S_n(\omega + \omega_c)], & |\omega| \leqslant \dfrac{\Delta\omega}{2} \\ 0, & 其他 \end{cases}$$

$$= 0 \tag{4.3.3c}$$

$$R_{X_{nc}X_{ns}}(\tau) = R_{X_{ns}X_{nc}}(-\tau)$$

$$= R_n(\tau)\sin(\omega_c\tau) - \hat{R}_n(\tau)\cos(\omega_c\tau) = 0 \tag{4.3.3d}$$

噪声同相与正交分量的均值也为 0。噪声方差,即噪声同相和正交分量功率为

$$\sigma_{X_{nc}}^2 = \sigma_{X_{ns}}^2 = \frac{N_0\Delta\omega}{2\pi} = N_0\Delta f \tag{4.3.3e}$$

　　噪声与回波之间相互独立,因此它们之间也互不相关,可以求得它们之和含噪声回波 $E_n(t)$ 的同相分量 $E_{nc}(t)$ 和正交分量 $E_{ns}(t)$ 的自功率谱密度和自相关函数分别为

$$S_{E_{nc}}(\omega) = S_{E_{ns}}(\omega) = S_{X_{Ec}}(\omega) + S_{X_{nc}}(\omega) = \begin{cases} \dfrac{\sigma^2}{4b} + N_0, & |\omega| \leqslant \dfrac{\Delta\omega}{2} \\ 0, & 其他 \end{cases} \tag{4.3.4a}$$

$$R_{E_{nc}}(\tau) = R_{E_{ns}}(\tau) = R_{X_{Ec}}(\tau) + R_{X_{nc}}(\tau) = \frac{\left(\dfrac{\sigma^2}{4b} + N_0\right)\Delta\omega}{2\pi}\mathrm{sinc}\left(\frac{\Delta\omega\tau}{2}\right) \tag{4.3.4b}$$

互功率谱密度和互相关函数分别为

$$S_{E_{nc}E_{ns}}(\omega) = -S_{E_{ns}E_{nc}}(\omega) = S_{X_{Ec}X_{Es}}(\omega) + S_{X_{nc}X_{ns}}(\omega) = 0 \tag{4.3.4c}$$

$$R_{E_{nc}E_{ns}}(\tau) = R_{E_{ns}E_{nc}}(-\tau) = R_{X_{Ec}X_{Es}}(\tau) + R_{X_{nc}X_{ns}}(\tau) = 0 \tag{4.3.4d}$$

　　容易推导得到含噪声回波 $E_n(t)$ 同相和正交分量的均值为零,互功率谱密度和互相关函数也均为零。其同相与正交分量的方差,即含噪回波功率,为

$$\sigma_{E_{nc}}^2 = \sigma_{E_{ns}}^2 = \frac{\left(\dfrac{\sigma^2}{4b} + N_0\right)\Delta\omega}{2\pi} = \left(\frac{\sigma^2}{4b} + N_0\right)\Delta f \tag{4.3.4e}$$

　　SAR 成像系统输入的视频复回波信号 s_V 以 I 路信号作为实部,Q 路信号作为虚部,即有

$$s_V(t) = E_{nc}(t) + \mathrm{j}E_{ns}(t) \tag{4.3.5}$$

计算 $s_V(t)$ 的自相关函数和功率谱密度,有

$$R_V(\tau) = E\left[s_V(t)s_V^*(t-\tau)\right]$$

$$= E[E_{nc}(t)E_{nc}(t-\tau) + \mathrm{j}E_{ns}(t)E_{nc}(t-\tau) -$$

$$\mathrm{j}E_{nc}(t)E_{ns}(t-\tau) + E_{ns}(t)E_{ns}(t-\tau)]$$

$$= R_{E_{nc}}(\tau) + R_{E_{ns}}(\tau) + jR_{E_{ns}E_{nc}}(\tau) - jR_{E_{nc}E_{ns}}(\tau)$$

$$= 2R_{E_{nc}}(\tau) = \frac{\left(\dfrac{\sigma^2}{2b} + 2N_0\right)\Delta\omega}{2\pi}\mathrm{sinc}\left(\frac{\Delta\omega\tau}{2}\right) \tag{4.3.6}$$

$$S_V(\omega) = 2S_{E_{nc}}(\omega) = \begin{cases} \dfrac{\sigma^2}{2b} + 2N_0, & |\omega| \leqslant \dfrac{\Delta\omega}{2} \\ 0, & \text{其他} \end{cases} \tag{4.3.7}$$

由 $R_V(0)$ 可得，$s_V(t)$ 的方差为

$$\sigma_V^2 = \left(\frac{\sigma^2}{2b} + 2N_0\right)\Delta f \tag{4.3.8}$$

（2）概率密度函数

因为输入场景和噪声均为高斯分布，因此视频复回波信号的实部和虚部也服从联合高斯分布，可以写出 SAR 视频复回波信号的 $n+n$ 维联合概率密度函数为

$$f_{s_V}(x_{c1}, x_{s1}, t_1; \cdots; x_{cn}, x_{sn}, t_n) = \frac{1}{(2\pi)^n |\boldsymbol{C}_{s_V}|^{1/2}}\exp\left(-\frac{1}{2}\boldsymbol{x}^\mathrm{T}\boldsymbol{C}_{s_V}^{-1}\boldsymbol{x}\right) \tag{4.3.9}$$

其中，$\boldsymbol{x} = [x_{c1} \ \cdots \ x_{cn} \ x_{s1} \ \cdots \ x_{sn}]^\mathrm{T}$ 为实部和虚部的样本，x_{ci}、x_{si} 分别为 t_i 时刻对应的实部和虚部样本，$i = 1, \cdots, n$。$\boldsymbol{C}_{s_V}$ 为 n 个时刻对应的实部和虚部的协方差矩阵：

$$\boldsymbol{C}_{s_V} = \begin{bmatrix} \mathrm{cov}[E_{nc}(t_1), E_{nc}(t_1)] & \mathrm{cov}[E_{nc}(t_1), E_{nc}(t_2)] & \cdots & \mathrm{cov}[E_{nc}(t_1), E_{ns}(t_n)] \\ \mathrm{cov}[E_{nc}(t_2), E_{nc}(t_1)] & \mathrm{cov}[E_{nc}(t_2), E_{nc}(t_2)] & \cdots & \mathrm{cov}[E_{nc}(t_2), E_{ns}(t_n)] \\ \vdots & \vdots & & \vdots \\ \mathrm{cov}[E_{ns}(t_n), E_{nc}(t_1)] & \mathrm{cov}[E_{ns}(t_n), E_{nc}(t_2)] & \cdots & \mathrm{cov}[E_{ns}(t_n), E_{ns}(t_n)] \end{bmatrix} \tag{4.3.10}$$

进一步化简得

$$\boldsymbol{C}_{s_V} = \sigma_{E_{nc}}^2 \begin{bmatrix} 1 & \cdots & \mathrm{sinc}\left[\dfrac{\Delta\omega(t_1-t_n)}{2}\right] & & & \\ \vdots & & \vdots & & 0 & \\ \mathrm{sinc}\left[\dfrac{\Delta\omega(t_n-t_1)}{2}\right] & \cdots & 1 & & & \\ & & & 1 & \cdots & \mathrm{sinc}\left[\dfrac{\Delta\omega(t_1-t_n)}{2}\right] \\ & 0 & & \vdots & & \vdots \\ & & & \mathrm{sinc}\left[\dfrac{\Delta\omega(t_n-t_1)}{2}\right] & \cdots & 1 \end{bmatrix} \tag{4.3.11}$$

在同一时刻 t，$E_{nc}(t)$ 和 $E_{ns}(t)$ 的联合概率密度函数为

$$f_{s_V}(x_c, x_s, t) = \frac{1}{2\pi\sigma_{E_{nc}}^2}\exp\left(-\frac{x_c^2 + x_s^2}{2\sigma_{E_{nc}}^2}\right)$$

$$= \frac{1}{\sqrt{2\pi}\,\sigma_{E_{nc}}}\exp\left(-\frac{x_c^2}{2\sigma_{E_{nc}}^2}\right) \cdot \frac{1}{\sqrt{2\pi}\,\sigma_{E_{ns}}}\exp\left(-\frac{x_s^2}{2\sigma_{E_{ns}}^2}\right)$$

$$= f_{E_{nc}}(x_c,t) \cdot f_{E_{ns}}(x_s,t) \qquad (4.3.12)$$

所以同一时刻,视频回波的实部和虚部相互独立。

将式(4.3.5)写成幅度和相位的形式有

$$s_V(t) = A_V(t)\mathrm{e}^{\mathrm{j}\Phi_V(t)} \qquad (4.3.13)$$

其中,

$$A_V(t) = \sqrt{E_{nc}^2(t) + E_{ns}^2(t)} \qquad (4.3.14a)$$

$$\Phi_V(t) = \arctan\frac{E_{ns}(t)}{E_{nc}(t)} \qquad (4.3.14b)$$

可以看出,$[A_V(t) \quad \Phi_V(t)]^{\mathrm{T}}$ 是$[E_{nc}(t) \quad E_{ns}(t)]^{\mathrm{T}}$ 的函数,利用 1.2.2 节中给出的随机矢量函数的概率密度函数计算方法,由 $E_{nc}(t)$ 和 $E_{ns}(t)$ 的联合概率密度函数,计算 $A_V(t)$ 和 $\Phi_V(t)$ 的联合概率密度函数,并由边沿分布给出 $A_V(t)$ 和 $\Phi_V(t)$ 各自的一维概率密度函数。

由逆函数

$$E_{nc}(t) = A_V(t)\cos[\Phi_V(t)] \qquad (4.3.15a)$$

$$E_{ns}(t) = A_V(t)\sin[\Phi_V(t)] \qquad (4.3.15b)$$

可以求得变量代换的雅克比行列式为

$$J = \begin{vmatrix} \cos[\phi_V] & -a_V\sin[\phi_V] \\ \sin[\phi_V] & a_V\cos[\phi_V] \end{vmatrix} = a_V \qquad (4.3.15c)$$

利用式(1.2.17),得

$$f_{s_V}(a_V,\phi_V,t) = \frac{a_V}{2\pi\sigma_{E_{nc}}^2}\exp\left(-\frac{a_V^2}{2\sigma_{E_{nc}}^2}\right), \quad a_V \geqslant 0, \quad -\pi \leqslant \phi_V < \pi$$

$$(4.3.16)$$

其中,a_V、ϕ_V 分别为 $A_V(t)$、$\Phi_V(t)$ 的样本。计算式(4.3.16)的边沿分布,得

$$f_{A_V}(a_V,t) = \int_{-\pi}^{\pi} f_{s_V}(a_V,\phi_V,t)\mathrm{d}\phi_V$$

$$= \frac{a_V}{\sigma_{E_{nc}}^2}\exp\left(-\frac{a_V^2}{2\sigma_{E_{nc}}^2}\right), \quad a_V \geqslant 0 \qquad (4.3.17a)$$

$$f_{\Phi_V}(\phi_V,t) = \frac{1}{2\pi}, \quad -\pi \leqslant \phi_V < \pi \qquad (4.3.17b)$$

由式(4.3.16)和式(4.3.17)得,$f_{s_V}(a_V,\phi_V,t) = f_{A_V}(a_V,t) \cdot f_{\Phi_V}(\phi_V,t)$,所以同一时刻视频回波的幅度和相位相互独立。

2. 孤立强散射体目标场景的一维视频回波信号统计特性

(1) 数字特征

强点目标的中频回波同样可写成同相分量和正交分量的形式,即

$$E_B(t) = X_{Bc}(t)\cos(\omega_c t) - X_{Bs}(t)\sin(\omega_c t) \tag{4.3.18}$$

其中，$X_{Bc}(t) = B\cos\Theta$，$X_{Bs}(t) = B\sin\Theta$。

从而其均值为

$$m_{Bc} = E[X_{Bc}(t)] = 0 \tag{4.3.19a}$$

$$m_{Bs} = E[X_{Bs}(t)] = 0 \tag{4.3.19b}$$

自相关函数为

$$R_{X_{Bc}}(\tau) = E[X_{Bc}(t)X_{Bc}(t-\tau)] = \frac{B^2}{2} \tag{4.3.20a}$$

$$R_{X_{Bs}}(\tau) = E[X_{Bs}(t)X_{Bs}(t-\tau)] = \frac{B^2}{2} \tag{4.3.20b}$$

又因为 $E_s(t) = X_{Ec}(t)\cos(\omega_c t) - X_{Es}(t)\sin(\omega_c t)$，故强点目标场景的中频回波 $E_Y(t)$ 可展开为

$$\begin{aligned} E_Y(t) &= X_{Yc}(t)\cos(\omega_c t) - X_{Ys}(t)\sin(\omega_c t) \\ &= [X_{Ec}(t) + X_{Bc}(t)]\cos(\omega_c t) - [X_{Es}(t) + X_{Bs}(t)]\sin(\omega_c t) \end{aligned}$$

$$\tag{4.3.21}$$

因此 $X_{Yc}(t)$ 的自相关函数为

$$\begin{aligned} R_{X_{Yc}}(\tau) &= E\{[X_{Ec}(t) + X_{Bc}(t)][X_{Ec}(t-\tau) + X_{Bc}(t-\tau)]\} \\ &= R_{X_{Ec}}(\tau) + R_{X_{Bc}}(\tau) = \frac{\sigma^2 \Delta\omega}{8\pi b}\mathrm{sinc}\left(\frac{\Delta\omega\tau}{2}\right) + \frac{B^2}{2} \end{aligned} \tag{4.3.22a}$$

$$\begin{aligned} R_{X_{Ys}}(\tau) &= E\{[X_{Es}(t) + X_{Bs}(t)][X_{Es}(t-\tau) + X_{Bs}(t-\tau)]\} \\ &= R_{X_{Es}}(\tau) + R_{X_{Bs}}(\tau) = \frac{\sigma^2 \Delta\omega}{8\pi b}\mathrm{sinc}\left(\frac{\Delta\omega\tau}{2}\right) + \frac{B^2}{2} \end{aligned} \tag{4.3.22b}$$

自功率谱密度分别为

$$S_{X_{Yc}}(\omega) = S_{X_{Ec}}(\omega) + S_{X_{Bc}}(\omega) = \begin{cases} \dfrac{\sigma^2}{4b} + \pi B^2 \delta(\omega), & |\omega| \leqslant \dfrac{\Delta\omega}{2} \\ 0, & \text{其他} \end{cases} \tag{4.3.22c}$$

$$S_{X_{Ys}}(\omega) = S_{X_{Ec}}(\omega) + S_{X_{Bc}}(\omega) = \begin{cases} \dfrac{\sigma^2}{4b} + \pi B^2 \delta(\omega), & |\omega| \leqslant \dfrac{\Delta\omega}{2} \\ 0, & \text{其他} \end{cases} \tag{4.3.22d}$$

互相关函数为

$$R_{X_{Yc}X_{Ys}}(\tau) = R_{X_{Ys}X_{Yc}}(-\tau) = E[X_{Yc}(t) \cdot X_{Ys}(t-\tau)] = 0 \tag{4.3.22e}$$

对应的回波同相和正交分量的互功率谱密度为

$$S_{X_{Yc}X_{Ys}}(\omega) = -S_{X_{Ys}X_{Yc}}(\omega) = 0 \tag{4.3.22f}$$

均值和方差为

$$m_{X_{Yc}} = E[X_{Ec}(t) + X_{Bc}(t)] = 0 \tag{4.3.23a}$$

$$m_{X_{Ys}} = E[X_{Es}(t) + X_{Bs}(t)] = 0 \tag{4.3.23b}$$

$$\sigma_{X_{Y_c}}^2 = R_{X_{Y_c}}(0) - (m_{X_{Y_c}})^2 = \frac{\sigma^2 \Delta\omega}{8\pi b} + \frac{B^2}{2} \tag{4.3.24a}$$

$$\sigma_{X_{Y_s}}^2 = \frac{\sigma^2 \Delta\omega}{8\pi b} + \frac{B^2}{2} \tag{4.3.24b}$$

噪声的同相和正交分量的数字特征与上节相同,这里不再赘述。由于强点目标是孤立的,故均匀场景的一维视频回波叠加强点目标的回波分量后,其与噪声依然统计独立。因此含噪声回波 $E_n'(t)$ 的同相分量 $E_{nc}'(t)$ 和正交分量 $E_{ns}'(t)$ 的自功率谱密度和自相关函数可相应求出。

$$R_{E_{nc}'}(\tau) = R_{X_{Y_c}}(\tau) + R_{X_{nc}}(\tau) = \frac{\left(\dfrac{\sigma^2}{4b} + N_0\right)\Delta\omega}{2\pi}\mathrm{sinc}\left(\frac{\Delta\omega\tau}{2}\right) + \frac{B^2}{2} \tag{4.3.25a}$$

$$R_{E_{ns}'}(\tau) = R_{X_{Y_s}}(\tau) + R_{X_{ns}}(\tau) = \frac{\left(\dfrac{\sigma^2}{4b} + N_0\right)\Delta\omega}{2\pi}\mathrm{sinc}\left(\frac{\Delta\omega\tau}{2}\right) + \frac{B^2}{2} \tag{4.3.25b}$$

$$S_{E_{nc}'}(\omega) = S_{X_{Y_c}}(\omega) + S_{X_{nc}}(\omega) = \begin{cases} \dfrac{\sigma^2}{4b} + \pi B^2 \delta(\omega) + N_0, & |\omega| \leqslant \dfrac{\Delta\omega}{2} \\ 0, & \text{其他} \end{cases} \tag{4.3.25c}$$

$$S_{E_{ns}'}(\omega) = S_{X_{Y_s}}(\omega) + S_{X_{ns}}(\omega) = \begin{cases} \dfrac{\sigma^2}{4b} + \pi B^2 \delta(\omega) + N_0, & |\omega| \leqslant \dfrac{\Delta\omega}{2} \\ 0, & \text{其他} \end{cases} \tag{4.3.25d}$$

互功率谱密度和互相关函数分别为

$$R_{E_{nc}' E_{ns}'}(\tau) = R_{E_{ns}' E_{nc}'}(-\tau) = R_{X_{Y_c} X_{Y_s}}(\tau) + R_{X_{nc} X_{ns}}(\tau) = 0 \tag{4.3.25e}$$

$$S_{E_{nc}' E_{ns}'}(\omega) = -S_{E_{ns}' E_{nc}'}(\omega) = S_{X_{Y_c} X_{Y_s}}(\omega) + S_{X_{nc} X_{ns}}(\omega) = 0 \tag{4.3.25f}$$

依据式(1.3.16),可计算出含噪声回波同相分量和正交分量的方差为

$$\sigma_{E_{nc}'}^2 = R_{E_{nc}'}(0) - \{E[E_{nc}'(t)]\}^2 = \frac{\left(\dfrac{\sigma^2}{4b} + N_0\right)\Delta\omega}{2\pi} + \frac{B^2}{2} \tag{4.3.26a}$$

$$\sigma_{E_{ns}'}^2 = R_{E_{ns}'}(0) - \{E[E_{ns}'(t)]\}^2 = \frac{\left(\dfrac{\sigma^2}{4b} + N_0\right)\Delta\omega}{2\pi} + \frac{B^2}{2} \tag{4.3.26b}$$

根据上节内容,强点目标场景 SAR 成像系统输入的视频复回波信号 $s_V'(t)$ 为

$$s_V'(t) = E_{nc}'(t) + jE_{ns}'(t) \tag{4.3.27}$$

计算 $s_V'(t)$ 的自相关函数和功率谱密度,有

$$\begin{aligned}
R_{V'}(\tau) &= E[s'_V(t)s_V'^*(t-\tau)]\\
&= E[E'_{nc}(t)E'_{nc}(t-\tau)+jE'_{ns}(t)E'_{nc}(t-\tau)-\\
&\quad jE'_{nc}(t)E'_{ns}(t-\tau)+E'_{ns}(t)E'_{ns}(t-\tau)]\\
&= R_{E'_{nc}}(\tau)+R_{E'_{ns}}(\tau)+jR_{E'_{ns}E'_{nc}}(\tau)-jR_{E'_{nc}E'_{ns}}(\tau)\\
&= R_{E'_{nc}}(\tau)+R_{E'_{ns}}(\tau)
\end{aligned}$$

$$=\frac{\left(\dfrac{\sigma^2}{4b}+N_0\right)\Delta\omega}{\pi}\mathrm{sinc}\left(\frac{\Delta\omega\tau}{2}\right)+B^2 \tag{4.3.28a}$$

$$S'_V(\omega)=S_{E'_{nc}}(\omega)+S_{E'_{ns}}(\omega)$$

$$=\begin{cases}\dfrac{\sigma^2}{2b}+2N_0+2\pi B^2\delta(\omega), & |\omega|\leqslant\dfrac{\Delta\omega}{2}\\[2mm] 0, & 其他\end{cases} \tag{4.3.28b}$$

$s'_V(t)$ 的方差为

$$\sigma^2_{V'}=R_{V'}(0)-\{E[s'_V(t)]\}^2=\left(\frac{\sigma^2}{2b}+2N_0\right)\Delta f+B^2 \tag{4.3.28c}$$

（2）概率密度函数

如果强点目标的相位给定为 θ，则其一维 SAR 视频复回波信号的 $n+n$ 维条件联合概率密度函数为

$$f_{s'_V}(x'_{c1},x'_{s1},t_1;\cdots;x'_{cn},x'_{sn},t_n\mid\Theta=\theta)=$$

$$\frac{1}{(2\pi)^n|\boldsymbol{C}_{s'_V}|^{1/2}}\exp\left[-\frac{1}{2}(\boldsymbol{x}'-\boldsymbol{m}_{x'})^{\mathrm{T}}\boldsymbol{C}_{s'_V}^{-1}(\boldsymbol{x}'-\boldsymbol{m}_{x'})\right] \tag{4.3.29a}$$

其中，$\boldsymbol{x}'=[x'_{c1}\ \cdots\ x'_{cn}\ x'_{s1}\ \cdots\ x'_{sn}]^{\mathrm{T}}$ 为实部和虚部的样本，x'_{ci}、x'_{si} 分别为 t_i 时刻对应的实部和虚部样本，$i=1,\cdots,n$；$\boldsymbol{m}_{x'}$ 为随机矢量 $\boldsymbol{x}'$ 对应的均值矢量。$\boldsymbol{C}_{s'_V}$ 为 n 个时刻对应的实部和虚部的协方差矩阵：

$$\boldsymbol{C}_{s'_V}=\begin{bmatrix}\mathrm{cov}[E'_{nc}(t_1),E'_{nc}(t_1)] & \mathrm{cov}[E'_{nc}(t_1),E'_{nc}(t_2)] & \cdots & \mathrm{cov}[E'_{nc}(t_1),E'_{ns}(t_n)]\\ \mathrm{cov}[E'_{nc}(t_2),E'_{nc}(t_1)] & \mathrm{cov}[E'_{nc}(t_2),E'_{nc}(t_2)] & \cdots & \mathrm{cov}[E'_{nc}(t_2),E'_{ns}(t_n)]\\ \vdots & \vdots & & \vdots\\ \mathrm{cov}[E'_{ns}(t_n),E'_{nc}(t_1)] & \mathrm{cov}[E'_{ns}(t_n),E'_{nc}(t_2)] & \cdots & \mathrm{cov}[E'_{ns}(t_n),E'_{ns}(t_n)]\end{bmatrix}$$

$$\tag{4.3.29b}$$

可以求得 $\boldsymbol{C}_{s'_V}$ 中各元素的具体值与式（4.3.11）相同。

在同一时刻 t，$E'_{nc}(t)$ 和 $E'_{ns}(t)$ 的条件联合概率密度函数为

$$f_{s'_V}(x'_c,x'_s,t\mid\Theta=\theta)=\frac{1}{2\pi|\boldsymbol{C}_{s'_V}|^{1/2}}\exp\left(-\frac{1}{2}\boldsymbol{y}^{\mathrm{T}}\boldsymbol{C}_{s'_V}^{-1}\boldsymbol{y}\right) \tag{4.3.29c}$$

其中，$\boldsymbol{y}=[x'_c-B\cos\theta,x'_s-B\sin\theta]^{\mathrm{T}}$，$\boldsymbol{C}_{s'_V}=\begin{bmatrix}\sigma^2_{E'_{nc}} & 0\\ 0 & \sigma^2_{E'_{nc}}\end{bmatrix}$。于是有

$$\boldsymbol{C}_{s'_V}^{-1} = \frac{1}{\sigma_{E_{nc}}^2} \begin{bmatrix} 1 & 0 \\ 0 & 1 \end{bmatrix} \tag{4.3.29d}$$

故

$$\boldsymbol{y}^{\mathrm{T}} \boldsymbol{C}_{s'_V}^{-1} \boldsymbol{y} = \frac{1}{\sigma_{E_{nc}}^2} \left[(x'_c - B\cos\theta)^2 + (x'_s - B\sin\theta)^2 \right] \tag{4.3.29e}$$

因此

$$\begin{aligned} f_{s'_V}(x'_c, x'_s, t \mid \Theta = \theta) &= \frac{1}{2\pi\sigma_{E_{nc}}^2} \exp\left\{ -\frac{1}{2\sigma_{E_{nc}}^2} \left[(x'_c - B\cos\theta)^2 + (x'_s - B\sin\theta)^2 \right] \right\} \\ &= \frac{1}{\sqrt{2\pi}\,\sigma_{E_{nc}}} \exp\left[-\frac{1}{2\sigma_{E_{nc}}^2} (x'_c - B\cos\theta)^2 \right] \cdot \\ &\quad \frac{1}{\sqrt{2\pi}\,\sigma_{E_{ns}}} \exp\left[-\frac{1}{2\sigma_{E_{ns}}^2} (x'_s - B\sin\theta)^2 \right] \\ &= f_{E'_{nc}}(x'_c, t \mid \Theta = \theta) \cdot f_{E'_{ns}}(x'_s, t \mid \Theta = \theta) \end{aligned} \tag{4.3.29f}$$

上式表明,在同一时刻,强点目标场景的一维视频回波的实部和虚部相互独立。

视频回波同样可写成幅度和相位的形式

$$s'_V(t) = A'_V(t) \mathrm{e}^{\mathrm{j}\Phi'_V(t)} \tag{4.3.30a}$$

其中,

$$A'_V(t) = \sqrt{E'^2_{nc}(t) + E'^2_{ns}(t)} \tag{4.3.30b}$$

$$\Phi'_V(t) = \arctan\frac{E'_{ns}(t)}{E'_{nc}(t)} \tag{4.3.30c}$$

可以看出,$[A'_V(t) \quad \Phi'_V(t)]^{\mathrm{T}}$ 仍然是 $[E'_{nc}(t) \quad E'_{ns}(t)]^{\mathrm{T}}$ 的函数,与上节情况类似。利用 1.2.2 节中给出的随机矢量函数的概率密度函数计算方法,由 $E'_{nc}(t)$ 和 $E'_{ns}(t)$ 的联合概率密度函数,计算可得 $A'_V(t)$ 和 $\Phi'_V(t)$ 的联合概率密度函数为

$$\begin{aligned} &f_{s'_V}(a'_V, \phi'_V, t \mid \Theta = \theta) \\ &= \frac{a'_V}{2\pi\sigma_{E_{nc}}^2} \exp\left[-\frac{a'^2_V + B^2 - 2a'_V B\cos(\phi'_V - \theta)}{2\sigma_{E_{nc}}^2} \right], \quad a'_V \geqslant 0, \quad -\pi \leqslant \phi'_V < \pi \end{aligned} \tag{4.3.31a}$$

对 $f_{s'_V}(a'_V, \phi'_V, t \mid \Theta = \theta)$ 分别在幅度和相位上积分,可得到各自的边沿分布。给定相位 θ 的情况下,幅度的条件分布可用下式求出:

$$\begin{aligned} &f_{A'_V}(a'_V, t \mid \Theta = \theta) \\ &= \int_{-\pi}^{\pi} f_{s'_V}(a'_V, \phi'_V, t \mid \Theta = \theta) \,\mathrm{d}\phi'_V \\ &= \frac{a'_V}{2\pi\sigma_{E_{nc}}^2} \exp\left(-\frac{a'^2_V + B^2}{2\sigma_{E_{nc}}^2} \right) \int_{-\pi}^{\pi} \exp\left[\frac{a'_V B}{\sigma_{E_{nc}}^2} \cos(\phi'_V - \theta) \right] \mathrm{d}\phi'_V, \quad a'_V \geqslant 0 \end{aligned} \tag{4.3.31b}$$

这里由于

$$\frac{1}{2\pi}\int_{-\pi}^{\pi}\exp\left[x\cos\phi'_V\right]\mathrm{d}\phi'_V=I_0(x) \tag{4.3.31c}$$

所以有

$$\frac{1}{2\pi}\int_{-\pi}^{\pi}\exp\left[\frac{Ba'_V}{\sigma_{E_{nc}}^2}\cos(\phi'_V-\theta)\right]\mathrm{d}\phi'_V=I_0\left(\frac{Ba'_V}{\sigma_{E_{nc}}^2}\right) \tag{4.3.31d}$$

式中 $I_0(\cdot)$ 为第一类零阶修正贝塞尔函数。当参数大于或等于 0 时,该函数为单调上升函数,且有 $I_0(0)=1$。于是,式(4.3.31b)可写为

$$f_{A'_V}(a'_V,t\mid\Theta=\theta)=\frac{a'_V}{\sigma_{E_{nc}}^2}\exp\left(-\frac{a'^2_V+B^2}{2\sigma_{E_{nc}}^2}\right)I_0\left(\frac{Ba'_V}{\sigma_{E_{nc}}^2}\right),\quad a'_V\geqslant0 \tag{4.3.31e}$$

不难看出,上式的等式右端不含 θ,表明强点目标的视频回波相位并不对 $s'_V(t)$ 的幅度分布产生影响。上式存在两种极限情况:

① 当强点目标的回波信号很小时,其幅度 $B\to0$,此时强点目标的信噪比 $\frac{B}{2\sigma_{E_{nc}}^2}$ 趋近于 0,则式(4.3.31e)将演变为式(4.3.17a)所表示的瑞利分布。因此通常将式(4.3.31e)称为广义瑞利分布,也称为莱斯分布。

② 当信噪比 $\frac{B}{2\sigma_{E_{nc}}^2}$ 很大时,$f_{A'_V}(a'_V,t)$ 又近似服从高斯分布,此时可将其近似写为

$$f_{A'_V}(a'_V,t)\approx\frac{1}{\sqrt{2\pi}\,\sigma_{E_{nc}}^2}\exp\left[-\frac{(a'_V-B)^2}{2\sigma_{E_{nc}}^2}\right] \tag{4.3.32}$$

同理,依据联合概率密度与边沿概率密度的关系,可求出相位 ϕ'_V 的概率密度函数,即

$$f_{s'_V}(\phi'_V,t\mid\Theta=\theta)=\int_0^{\infty}f_{s'_V}(a'_V,\phi'_V,t\mid\Theta=\theta)\mathrm{d}a'_V$$

$$=\int_0^{\infty}\frac{a'_V}{2\pi\sigma_{E_{nc}}^2}\exp\left\{-\frac{1}{2\sigma_{E_{nc}}^2}\left[a'^2_V+B^2-2a'_VB\cos(\phi'_V-\theta)\right]\right\}\mathrm{d}a'_V \tag{4.3.33a}$$

分离与积分量无关的项,即

$$f_{s'_V}(\phi'_V,t\mid\Theta=\theta)=\exp\left[-\frac{1}{2\sigma_{E_{nc}}^2}B^2\sin^2(\phi'_V-\theta)\right]\cdot$$

$$\int_0^{\infty}\frac{a'_V}{2\pi\sigma_{E_{nc}}^2}\exp\left\{-\frac{1}{2\sigma_{E_{nc}}^2}\left[a'_V-B\cos(\phi'_V-\theta)\right]^2\right\}\mathrm{d}a'_V \tag{4.3.33b}$$

令 $\tau=\frac{1}{\sigma_{E_{nc}}}\left[a'_V-B\cos(\phi'_V-\theta)\right]$,则上式右边第二项可改写为

$$\int_{-\varepsilon}^{\infty} \frac{\sigma_{E_{nc}}\tau + B\cos(\phi'_{\mathrm{V}} - \theta)}{2\pi\sigma_{E_{nc}}} \mathrm{e}^{-\frac{\tau^2}{2}} \mathrm{d}\tau$$

$$= \frac{1}{2\pi}\int_{-\varepsilon}^{\infty} \tau\mathrm{e}^{-\frac{\tau^2}{2}}\mathrm{d}\tau + \frac{B\cos(\phi'_{\mathrm{V}} - \theta)}{2\pi\sigma_{E_{nc}}}\int_{-\varepsilon}^{\infty}\mathrm{e}^{-\frac{\tau^2}{2}}\mathrm{d}\tau$$

$$= \frac{1}{2\pi}\exp\left\{-\frac{1}{2\sigma_{E_{nc}}^2}\left[B^2\cos^2(\phi'_{\mathrm{V}} - \theta)\right]\right\} + \frac{B\cos(\phi'_{\mathrm{V}} - \theta)}{\sqrt{2\pi}\,\sigma_{E_{nc}}}\left(\frac{1}{2} + \frac{1}{\sqrt{2\pi}}\int_0^{\varepsilon}\mathrm{e}^{-\frac{\tau^2}{2}}\mathrm{d}\tau\right)$$

$$= \frac{1}{2\pi}\exp\left\{-\frac{1}{2\sigma_{E_{nc}}^2}\left[B^2\cos^2(\phi'_{\mathrm{V}} - \theta)\right]\right\} + \frac{B\cos(\phi'_{\mathrm{V}} - \theta)}{\sqrt{2\pi}\,\sigma_{E_{nc}}}\left\{\frac{1}{2} + \psi\left[\frac{1}{\sigma_{E_{nc}}}B\cos(\phi'_{\mathrm{V}} - \theta)\right]\right\}$$

$$\text{(4.3.33c)}$$

式中：$\varepsilon = \dfrac{1}{\sigma_{E_{nc}}}\left[B\cos(\phi'_{\mathrm{V}} - \theta)\right]$；拉普拉斯函数 $\psi(x) = \dfrac{1}{\sqrt{2\pi}}\displaystyle\int_0^x \mathrm{e}^{-\frac{z^2}{2}}\mathrm{d}z$。

定义误差函数为

$$\mathrm{erf}(x) = \frac{2}{\sqrt{\pi}}\int_0^x \mathrm{e}^{-z^2}\mathrm{d}z \qquad\qquad (4.3.34a)$$

同时不难看出，误差函数与拉普拉斯函数满足以下关系

$$\psi(x) = \frac{1}{2}\mathrm{erf}\left(\frac{x}{\sqrt{2}}\right) \qquad\qquad (4.3.34b)$$

又有信噪比 $\mathrm{SNR} = \dfrac{B^2}{2\sigma_{E_{nc}}^2}$，则式（4.3.33b）可写为

$$f_{s'_{\mathrm{V}}}(\phi'_{\mathrm{V}}, t \mid \Theta = \theta)$$

$$= \frac{1}{2\pi}\mathrm{e}^{-\mathrm{SNR}} + \frac{\sqrt{\mathrm{SNR}}\cos(\phi'_{\mathrm{V}} - \theta)}{2\sqrt{\pi}}\exp\left[-\mathrm{SNR}\sin^2(\phi'_{\mathrm{V}} - \theta)\right]\left\{1 + \mathrm{erf}\left[\sqrt{\mathrm{SNR}}\cos(\phi'_{\mathrm{V}} - \theta)\right]\right\}$$

$$\text{(4.3.35)}$$

同理，分析上式的两种极限情况，如下：

① 当信号很微弱，信噪比较小时，有

$$f_{s'_{\mathrm{V}}}(\phi'_{\mathrm{V}}, t \mid \Theta = \theta) = \frac{1}{2\pi} \qquad\qquad (4.3.36a)$$

表明在信噪比较小的情况下，ϕ'_{V} 近似服从均匀分布。

② 当信噪比很大时，即 $\mathrm{SNR} \gg 1$，这时误差函数存在渐进特性，即

$$\mathrm{erf}(x) = 1 - \frac{1}{\sqrt{\pi}\,x}\mathrm{e}^{-x^2}\left(1 - \frac{1}{2x^2} + \frac{1\times 3}{2^2 x^4} - \frac{1\times 3\times 5}{2^3 x^8} + \cdots\right)$$

$$\approx 1 - \frac{1}{\sqrt{\pi}\,x}\mathrm{e}^{-x^2} \qquad\qquad (4.3.36b)$$

代入式（4.3.35），可将其近似为

$$f_{s'_V}(\phi'_V, t \mid \Theta = \theta) \approx \frac{\sqrt{\mathrm{SNR}}\cos(\phi'_V - \theta)}{\sqrt{\pi}} \exp\left[-\mathrm{SNR}\sin^2(\phi'_V - \theta)\right] \quad (4.3.36c)$$

表明，$f_{s'_V}(\phi'_V, t \mid \Theta = \theta)$ 关于 $(\phi'_V - \theta)$ 左右对称，其在 $\phi'_V = \theta$ 处取得最大值，即

$f_{s'_V}(\theta, t \mid \Theta = \theta) = \dfrac{\sqrt{\mathrm{SNR}}}{\sqrt{\pi}}$。随着 ϕ'_V 远离 θ，$f_{s'_V}(\phi'_V, t \mid \theta)$ 迅速衰减。这也说明，在大信噪比下，一维视频回波的概率密度主要集中在相位 θ 附近。

> **思考题**：结合低频信号和中频信号的特性，比较视频回波和中频回波的统计特性，进一步体会统计特性的含义。

4.3.2　二维视频回波信号统计特性

1. 均匀场景

由式(4.2.18)可得，均匀场景二维视频复回波的自功率谱密度为

$$S_{VE}(\omega_r, \omega_x) = \begin{cases} \dfrac{\sigma^2}{2bf_{\mathrm{dr}}}, & |\omega_r| \leqslant \pi b T_{\mathrm{P}}, \quad |\omega_x| \leqslant \pi f_{\mathrm{dr}} T_{\mathrm{S}} \\ 0, & \text{其他} \end{cases} \quad (4.3.37a)$$

自相关函数为

$$R_{VE}(\tau_r, \tau_x) = \frac{\sigma^2 T_{\mathrm{P}} T_{\mathrm{S}}}{2} \mathrm{sinc}\left(\frac{\tau_r}{\rho_r}\pi\right) \mathrm{sinc}\left(\frac{\tau_x}{\rho_x}\pi\right) \quad (4.3.37b)$$

复低频噪声的自功率谱密度为

$$S_n(\omega_r, \omega_x) = \begin{cases} 2N_0, & |\omega_r| \leqslant \pi b T_{\mathrm{P}} \\ 0, & \text{其他} \end{cases} \quad (4.3.37c)$$

含噪二维视频复回波的自相关函数则为

$$R_V(\tau_r, \tau_x) = \frac{\sigma^2 T_{\mathrm{P}} T_{\mathrm{S}}}{2} \mathrm{sinc}\left(\frac{\tau_r}{\rho_r}\pi\right) \mathrm{sinc}\left(\frac{\tau_x}{\rho_x}\pi\right) + 2N_0 b T_{\mathrm{P}} \mathrm{sinc}\left(\frac{\tau_r}{\rho_r}\pi\right) \delta(\tau_x)$$

$$(4.3.37d)$$

其中，$\delta(\tau_x)$ 为冲激函数。

所以可以写出含噪二维 SAR 视频复回波信号的 $n+n$ 维联合概率密度函数为

$$f_{s_V}(x_{c1}, x_{s1}, t_{r1}, t_{x1}; \cdots; x_{cn}, x_{sn}, t_{rn}, t_{xn}) = \frac{1}{(2\pi)^n |\boldsymbol{C}_{s_V}|^{1/2}} \exp\left\{-\frac{1}{2}\boldsymbol{x}^{\mathrm{T}} \boldsymbol{C}_{s_V}^{-1} \boldsymbol{x}\right\}$$

$$(4.3.38a)$$

其中，x_{ci}、x_{si} 分别为 (t_{ri}, t_{xi}) 二维时刻对应的实部和虚部样本，$i = 1, \cdots, n$。$\boldsymbol{C}_{s_V}$ 由式(4.3.38b)给出。为表述的简洁性，这里令

$$C_{\Psi} = \begin{bmatrix} 1 & \cdots & \mathrm{sinc}\left(\dfrac{t_{r1}-t_{rn}}{\rho_r}\pi\right)\mathrm{sinc}\left(\dfrac{t_{x1}-t_{xn}}{\rho_x}\pi\right) \\ \vdots & & \vdots \\ \mathrm{sinc}\left(\dfrac{t_{rn}-t_{r1}}{\rho_r}\pi\right)\mathrm{sinc}\left(\dfrac{t_{xn}-t_{x1}}{\rho_x}\pi\right) & \cdots & 1 \end{bmatrix}$$

$$C_{\Psi_n} = \begin{bmatrix} 1 & \cdots & \mathrm{sinc}\left(\dfrac{t_{r1}-t_{rn}}{\rho_r}\pi\right)\delta(t_{x1}-t_{xn}) \\ \vdots & & \vdots \\ \mathrm{sinc}\left(\dfrac{t_{rn}-t_{r1}}{\rho_r}\pi\right)\delta(t_{xn}-t_{x1}) & \cdots & 1 \end{bmatrix}$$

则

$$C_{s_V} = \frac{\sigma^2 T_P T_S}{4}\begin{bmatrix} C_{\Psi} & 0 \\ 0 & C_{\Psi} \end{bmatrix} + N_0 b T_P \begin{bmatrix} C_{\Psi_n} & 0 \\ 0 & C_{\Psi_n} \end{bmatrix} \tag{4.3.38b}$$

对于同一个时刻,实部和虚部的联合概率密度函数与式(4.3.12)相同。

2. 孤立强散射体目标场景

强点目标场景二维视频复回波的自功率谱密度为

$$S_{VE'}(\omega_r,\omega_x) = \begin{cases} \dfrac{\sigma^2}{2bf_{dr}} + 4B^2\pi^2\delta(\omega_r)\delta(\omega_x), & |\omega_r| \leqslant \pi b T_P, \quad |\omega_x| \leqslant \pi f_{dr}T_S \\ 0, & \text{其他} \end{cases} \tag{4.3.39a}$$

自相关函数为

$$R_{VE'}(\tau_r,\tau_x) = \frac{\sigma^2 T_P T_S}{2}\mathrm{sinc}\left(\frac{\tau_r}{\rho_r}\pi\right)\mathrm{sinc}\left(\frac{\tau_x}{\rho_x}\pi\right) + B^2 \tag{4.3.39b}$$

含噪二维视频复回波的自相关函数为

$$R_{V'}(\tau_r,\tau_x) = \frac{\sigma^2 T_P T_S}{2}\mathrm{sinc}\left(\frac{\tau_r}{\rho_r}\pi\right)\mathrm{sinc}\left(\frac{\tau_x}{\rho_x}\pi\right) + B^2 + 2N_0 b T_P \mathrm{sinc}\left(\frac{\tau_r}{\rho_r}\pi\right)\delta(\tau_x) \tag{4.3.39c}$$

式中:$\delta(\tau_x)$为冲激函数。

同理,强点目标场景的二维 SAR 视频复回波信号的 $n+n$ 维联合概率密度函数为

$$f_{s_V'}(x'_{c1},x'_{s1},t_{r1},t_{x1};\cdots;x'_{cn},x'_{sn},t_{rn},t_{xn} \mid \Theta=\theta)$$

$$= \frac{1}{(2\pi)^{n/2}|C_{s_V'}|^{1/2}}\exp\left[-\frac{1}{2}(x'-m_{x'})^T C_{s_V'}^{-1}(x'-m_{x'})\right] \tag{4.3.40}$$

其中,x'_{ci}、x'_{si} 分别为 (t_{ri},t_{xi}) 时刻对应的实部和虚部样本,$i=1,\cdots,n$;$C_{s_V'}$ 形如式(4.3.38b),需要加上强点目标分量。对于同一个时刻,实部和虚部的联合概率密度函数与式(4.3.29f)相同。

　　思考题: 通过进一步比较视频一维回波和二维回波的相关函数和功率谱密度以及概率密度函数,体会随机过程中时间参量和样本参量的含义。

4.4　SAR 回波的统计特性分析

4.4.1　真实的 SAR 回波统计特性分析

　　本小节利用国内某机载 SAR 系统对平原地区成像所获取的回波信号,分析 SAR 视频回波信号的统计特性。SAR 真实视频回波包含 I、Q 两个通道,图 4.4(a)、(b)为截取的一块 1 024×1 024 的 I、Q 两个通道的回波切片,图 4.4(c)、(d)分别为对应的幅度和相位。

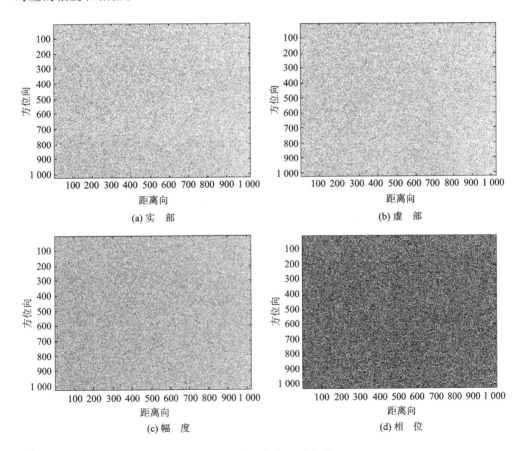

图 4.4　真实视频回波切片

对 I、Q 通道回波信号及其幅度和相位图进行直方图统计,I、Q 通道回波信号统计直方图如图 4.5(a)、(b)所示,幅度和相位的直方图如图 4.5(c)、(d)所示。可以看出 I、Q 通道回波信号服从高斯分布,幅度服从瑞利分布,相位服从均匀分布,与理论分析非常吻合。

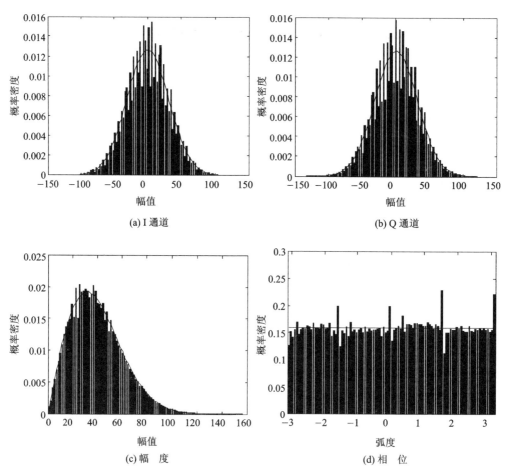

(a) I 通道　　(b) Q 通道

(c) 幅 度　　(d) 相 位

图 4.5　真实视频回波的实部、虚部、幅度、相位信息统计直方图

为了更好地观察 I、Q 通道统计特性之间的关系,进一步分析真实视频回波的时间相关函数。该切片的整体自相关函数如图 4.6(a)所示;I、Q 通道的自相关函数如图 4.6(b)和 4.6(c)所示;它们的互相关函数如图 4.6(d)所示;I、Q 通道、幅度和相位的均值和方差见表 4.1。为了更清楚地观察相关函数的特性,图 4.7(a)~(c)分别给出了其中一条距离线上一维视频回波的 I 通道自相关函数、Q 通道自相关函数,以及 I 与 Q 通道的自相关函数。可以很明显地看出,I、Q 通道的自相关函数基本相同,且均呈现 sinc 函数曲线特性,互相关函数接近零,而均值和方差也基本相同,与前面理论分析结果吻合。

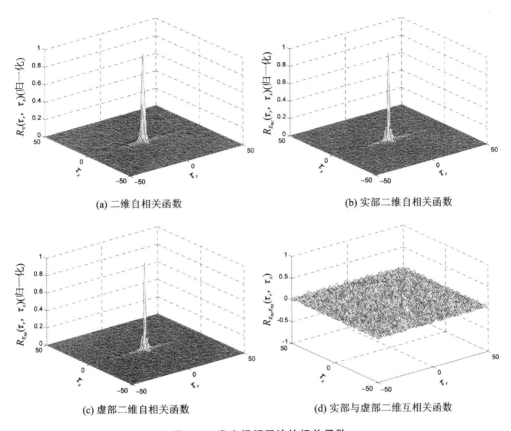

(a) 二维自相关函数　　　　　　　　　　　(b) 实部二维自相关函数

(c) 虚部二维自相关函数　　　　　　　　(d) 实部与虚部二维互相关函数

图 4.6　真实视频回波的相关函数

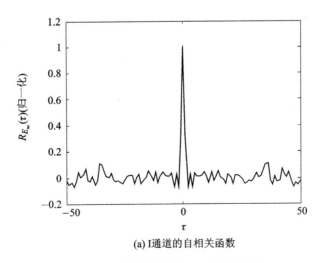

(a) I通道的自相关函数

图 4.7　真实视频回波的一维相关函数

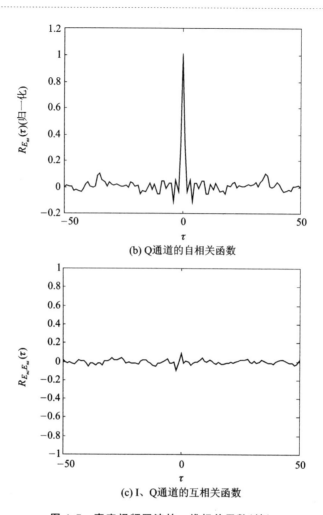

(b) Q通道的自相关函数

(c) I、Q通道的互相关函数

图 4.7 真实视频回波的一维相关函数(续)

表 4.1 真实视频回波的数字特征统计结果

真实回波	均 值	方 差
I 通道	0.256 0	994.675 0
Q 通道	0.249 8	995.186 9
幅度	39.482 9	431.112 2
相位	0.028 7	3.268 9

4.4.2 SAR 回波生成与统计特性分析

利用随书所附的"《微波成像雷达信号统计特性》配套软件",获取图 3.8 所示的均匀面目标场景的 SAR 回波信号,并下变频到中频。为进一步理解和验证式(4.2.6)、式(4.2.7)和式(4.2.17a)等所给出的理论分析结果,从均匀场景中任取一个散射点 P,其中频回波可作为一个样本。利用随机过程的各态历经性,可以认为时间自相关函数等于自相关函数。P 点中频回波的一维自相关函数和功率谱密度如图 4.8(a)、(b)所示;二维自相关函数如图 4.8(c)所示。不难看出,图 4.8 所示的结果与 4.2 节关于中频回波的统计特性的理论分析吻合,说明了理论分析的正确性。

　　I、Q 解调后,得到视频回波的实部(I 通道)、虚部(Q 通道)、幅度、相位样本如图 4.9(a)～(d)所示,对应的统计直方图如图 4.10(a)～(d)所示,均值和方差见表 4.2。时间的一维和二维相关函数以及功率谱密度如图 4.11 和图 4.12 所示,图中波形与式(4.3.2)和式(4.3.37)所得结论吻合。

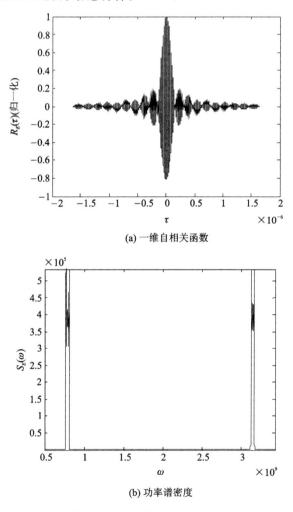

(a) 一维自相关函数

(b) 功率谱密度

图 4.8　仿真中频回波的相关函数与统计直方图

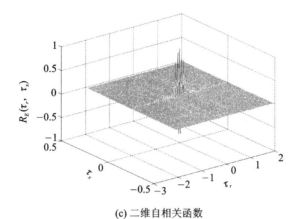

(c) 二维自相关函数

图 4.8 仿真中频回波的相关函数与统计直方图(续)

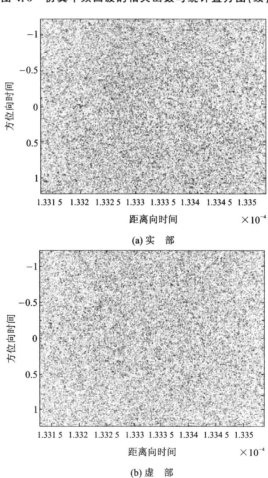

(a) 实　部

(b) 虚　部

图 4.9 仿真视频回波切片

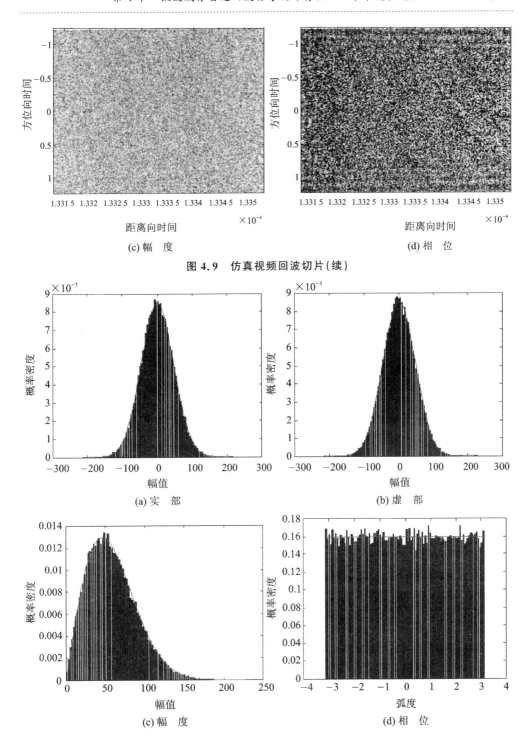

(c) 幅　度　　　　　　　　　　　　　　(d) 相　位

图 4.9　仿真视频回波切片(续)

(a) 实　部　　　　　　　　　　　　　　(b) 虚　部

(c) 幅　度　　　　　　　　　　　　　　(d) 相　位

图 4.10　仿真视频回波的统计直方图

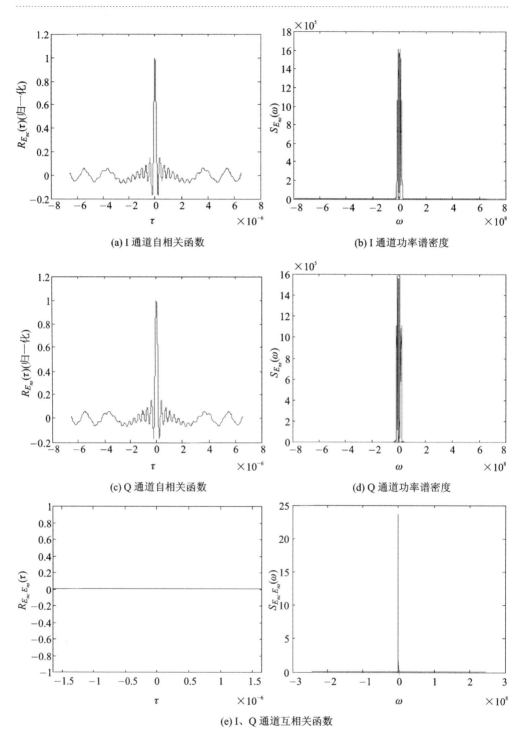

(a) I 通道自相关函数

(b) I 通道功率谱密度

(c) Q 通道自相关函数

(d) Q 通道功率谱密度

(e) I、Q 通道互相关函数

图 4.11　一维仿真视频回波的相关函数及功率谱密度

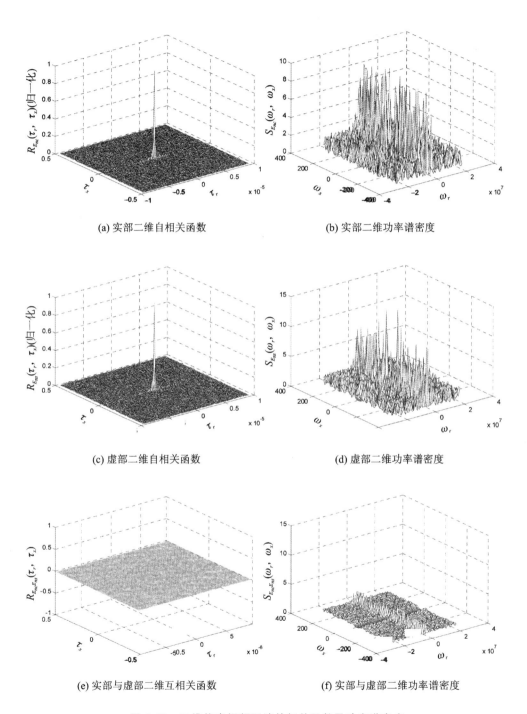

(a) 实部二维自相关函数

(b) 实部二维功率谱密度

(c) 虚部二维自相关函数

(d) 虚部二维功率谱密度

(e) 实部与虚部二维互相关函数

(f) 实部与虚部二维功率谱密度

图 4.12　二维仿真视频回波的相关函数及功率谱密度

表 4.2　仿真视频回波的数字特征统计结果

真实回波	均　值	方　差
I 通道(实部)	0.109 1	776.109 3
Q 通道(虚部)	−0.077 9	775.085 8
幅度	34.507 2	339.655 1
相位	−0.004 0	3.287 8

思考题：利用随书所附教学软件，仿真生成两幅不同大小的均匀面目标场景、中频回波和低频二维回波信号，以及它们的统计直方图，估算前两阶数字特性，与理论分析相比较。观察比较结果，并分析讨论。

第 5 章　微波成像雷达图像统计特性分析 ——随机过程的线性变换

　　本章主要讨论微波成像雷达 SAR 图像的统计特性。首先,给出随机过程通过线性时不变系统的时频域分析方法;然后,利用 SAR 成像输入——视频回波信号的统计特性,应用随机过程通过线性系统的时频域分析方法,研究 SAR 成像输出——SAR 图像的统计特性。

5.1　随机过程线性变换的分析方法

　　结合实际工程需求,本书主要讨论随机信号通过确定性系统之后的统计特性变化,输出信号的随机性主要是由输入信号的随机性引起的,而系统仍然是确定的。这里的统计特性分析主要是研究前两阶数字特征。由前面的分析并根据“信号与系统”课程中的内容知道,线性时不变系统的输出 $y(t)$ 可以由输入 $x(t)$ 卷积系统的冲激响应函数 $h(t)$ 得到,即

$$y(t) = x(t) * h(t) \tag{5.1.1}$$

　　因此,当输入为随机过程 $X(t)$ 时,输出 $Y(t)$ 为

$$Y(t) = X(t) * h(t) \tag{5.1.2}$$

5.1.1　时域分析方法

　　利用线性变换之间可以互换顺序的性质,$Y(t)$ 的均值 $m_Y(t)$ 为

$$m_Y(t) = E[Y(t)] = E[X(t) * h(t)] = E[X(t)] * h(t) = m_X(t) * h(t) \tag{5.1.3}$$

等于输入的均值通过该线性时不变系统。

　　$Y(t)$ 的自相关函数 $R_Y(t)$ 为

$$
\begin{aligned}
R_Y(t_1, t_2) &= E[Y(t_1)Y(t_2)] \\
&= E[X(t_1) * h(t_1) \cdot X(t_2) * h(t_2)] \\
&= E[X(t_1) \cdot X(t_2) * h(t_1) * h(t_2)] \\
&= E[X(t_1)X(t_2)] * h(t_1) * h(t_2) \\
&= R_X(t_1, t_2) * h(t_1) * h(t_2)
\end{aligned}
\tag{5.1.4}
$$

等于输入的自相关函数两次在 t_1, t_2 两个时刻通过该线性时不变系统。

　　$X(t)$ 与 $Y(t)$ 的互相关函数为

$$R_{X,Y}(t_1,t_2) = E[X(t_1)Y(t_2)]$$
$$= E[X(t_1) \cdot X(t_2) * h(t_2)]$$
$$= E[X(t_1)X(t_2)] * h(t_2)$$
$$= R_X(t_1,t_2) * h(t_2) \tag{5.1.5}$$

$$R_{Y,X}(t_1,t_2) = E[Y(t_1)X(t_2)]$$
$$= E[X(t_1) * h(t_1) \cdot X(t_2)]$$
$$= E[X(t_1) \cdot X(t_2) * h(t_1)]$$
$$= E[X(t_1)X(t_2)] * h(t_1)$$
$$= R_X(t_1,t_2) * h(t_1) \tag{5.1.6}$$

当 $X(t)$ 与 $Y(t)$ 联合平稳时,其均值均为常数,主要讨论相关函数之间的关系,将 $R_X(t_1,t_2)=R_X(\tau),\tau=t_1-t_2$ 代入式(5.1.4)~式(5.1.6),得

$$R_Y(\tau) = R_X(\tau) * h(\tau) * h(-\tau) \tag{5.1.7a}$$
$$R_{X,Y}(\tau) = R_X(\tau) * h(-\tau) \tag{5.1.7b}$$
$$R_{Y,X}(\tau) = R_X(\tau) * h(\tau) \tag{5.1.7c}$$

5.1.2　频域分析方法

根据维纳-辛钦定理,由式(5.1.7a)~式(5.1.7c)可以得到平稳随机过程通过线性时不变系统统计特性的频域关系式为

$$S_Y(\omega) = S_X(\omega) \cdot H(j\omega) \cdot H^*(j\omega) = S_X(\omega) \cdot |H(j\omega)|^2 \tag{5.1.8a}$$
$$S_{X,Y}(\omega) = S_X(\omega) \cdot H^*(j\omega) \tag{5.1.8b}$$
$$S_{Y,X}(\omega) = S_X(\omega) \cdot H(j\omega) \tag{5.1.8c}$$

其中,$H(j\omega) = \int_{-\infty}^{\infty} h(t)e^{-j\omega t}dt$ 为系统频响函数,$(\cdot)^*$ 表示取共轭。可以看出,输出过程的自功率谱密度完全由输入过程的自功率谱密度和系统的幅频特性决定,而与系统的相频特性无关。

　　思考题：由式(5.1.8)可以看出,输出功率谱密度仅与系统的幅频特性有关,而与相频特性无关。在噪声干扰下,如何通过输入和输出信号的分析,精确认知系统频响函数的幅频特性和相频特性?

5.2　随机过程的线性变换用于微波成像雷达图像的统计特性分析

SAR 成像处理可以看成是一个线性时不变系统,因此应用 5.1 节给出的随机过

程通过线性时不变系统的输出过程的统计特性分析方法,对 SAR 图像的数字特征和概率分布特性进行分析。

令平稳地面场景的二维空间自功率谱密度为 $S_{\text{scat}}(\omega_r,\omega_x)$,在频域计算 SAR 图像自功率谱密度 $S_{\text{SAR}}(\omega_r,\omega_x)$ 有两种方法:第一种方法是由 SAR 复回波信号经过成像处理来计算,SAR 复回波自功率谱密度乘以式(2.2.35)所示的 SAR 成像处理频响函数的模平方,有

$$S_{\text{SAR}}(\omega_r,\omega_x)=S_{\text{VE}}(\omega_r,\omega_x) \cdot |H_r(\text{j}\omega_r)H_a(\text{j}\omega_x)|^2$$

$$=\begin{cases} \dfrac{S_{\text{scat}}(\omega_r,\omega_x)}{b^2 f_{\text{dr}}^2}, & -\pi\Delta B_r \leqslant \omega_r \leqslant \pi\Delta B_r, \quad -\pi\Delta B_x \leqslant \omega_x \leqslant \pi\Delta B_x \\ 0, & \text{其他} \end{cases}$$

$$(5.2.1)$$

第二种方法是将 SAR 成像系统整体看作一个线性时不变系统,直接由地物功率谱密度乘以 SAR 成像系统频响函数的模平方。由式(2.2.37)得 SAR 成像系统频率响应函数的幅频特性为

$$|H(\omega_r,\omega_x)|=\begin{cases} \dfrac{1}{b f_{\text{dr}}}, & -\pi\Delta B_r \leqslant \omega_r \leqslant \pi\Delta B_r, \quad -\pi\Delta B_x \leqslant \omega_x \leqslant \pi\Delta B_x \\ 0, & \text{其他} \end{cases}$$

$$(5.2.2)$$

因此有

$$S_{\text{SAR}}(\omega_r,\omega_x)=S_{\text{scat}}(\omega_r,\omega_x) \cdot |H(\omega_r,\omega_x)|^2$$

$$=\begin{cases} \dfrac{S_{\text{scat}}(\omega_r,\omega_x)}{b^2 f_{\text{dr}}^2}, & -\pi\Delta B_r \leqslant \omega_r \leqslant \pi\Delta B_r, \quad -\pi\Delta B_x \leqslant \omega_x \leqslant \pi\Delta B_x \\ 0, & \text{其他} \end{cases}$$

$$(5.2.3)$$

与式(5.2.1)相同。可以看出,两种方法得到的结果相同。

对 SAR 图像功率谱密度进行傅里叶反变换,可以得到 SAR 图像的自相关函数为

$$R_{\text{SAR}}(\tau_r,\tau_x)=\frac{1}{(2\pi)^2}\int_{-\infty}^{\infty}\int_{-\infty}^{\infty}S_{\text{SAR}}(\omega_r,\omega_x)\text{e}^{\text{j}\omega_r\tau_r}\text{e}^{\text{j}\omega_x\tau_x}\text{d}\omega_r\text{d}\omega_x \qquad (5.2.4)$$

实际中可以认为,相距无穷远的两个地面点之间互不相关,因此有 SAR 图像的均值 m_{SAR} 近似为

$$|m_{\text{SAR}}|^2 \approx R_{\text{SAR}}(\infty,\infty) \qquad (5.2.5\text{a})$$

方差为

$$\sigma_{\text{SAR}}^2 = R_{\text{SAR}}(0,0) - |m_{\text{SAR}}|^2 \approx R_{\text{SAR}}(0,0) - R_{\text{SAR}}(\infty,\infty) \qquad (5.2.5\text{b})$$

一般情况下,SAR 图像概率密度函数的求取比较困难,但是当假设场景为高斯分布时,根据高斯分布的线性变换仍为高斯分布的性质,可以求得 SAR 图像的概率

密度函数。

5.2.1　均匀场景图像的统计特性分析

由第 3 章可知,均匀场景可以假设为白噪声场景,令其功率谱密度为 $\sigma^2/2$,则均匀场景 SAR 复图像的自功率谱密度为

$$S_{\text{SAR}}(\omega_r,\omega_x)=\begin{cases}\dfrac{\sigma^2}{2b^2f_{\text{dr}}^2}, & -\pi\Delta B_r\leqslant\omega_r\leqslant\pi\Delta B_r,\quad -\pi\Delta B_x\leqslant\omega_x\leqslant\pi\Delta B_x \\ 0, & \text{其他}\end{cases}$$

(5.2.6a)

自相关函数为

$$R_{\text{SAR}}(\tau_r,\tau_x)=\frac{\sigma^2\Delta B_r\Delta B_x}{2b^2f_{\text{dr}}^2}\text{sinc}\left(\frac{\tau_r}{\rho_r}\pi\right)\text{sinc}\left(\frac{\tau_x}{\rho_x}\pi\right)$$

(5.2.6b)

含噪 SAR 复图像的自功率谱密度和自相关函数分别为

$$S_{\text{SAR}}(\omega_r,\omega_x)=\begin{cases}\dfrac{\sigma^2}{2b^2f_{\text{dr}}^2}+\dfrac{2N_0}{bf_{\text{dr}}}, & -\pi\Delta B_r\leqslant\omega_r\leqslant\pi\Delta B_r,\quad -\pi\Delta B_x\leqslant\omega_x\leqslant\pi\Delta B_x \\ 0, & \text{其他}\end{cases}$$

(5.2.7a)

$$R_{\text{SAR}}(\tau_r,\tau_x)=\left(\frac{\sigma^2}{2b^2f_{\text{dr}}^2}+\frac{2N_0}{bf_{\text{dr}}}\right)\Delta B_r\Delta B_x\text{sinc}\left(\frac{\tau_r}{\rho_r}\pi\right)\text{sinc}\left(\frac{\tau_x}{\rho_x}\pi\right)$$

(5.2.7b)

可以看出,SAR 复图像含噪与不含噪情况下自相关函数和自功率谱密度形式相同,只是数值有些差异。

SAR 复图像的均值和方差分别为

$$m_{\text{SAR}}\approx 0,\quad \sigma_{\text{SAR}}^2\approx\frac{\sigma^2\Delta B_r\Delta B_x}{2b^2f_{\text{dr}}^2}$$

(5.2.8)

实部和虚部的均值与方差分别为

$$m_{\text{SAR}_R}=m_{\text{SAR}_I}\approx 0,\quad \sigma_{\text{SAR}_R}^2=\sigma_{\text{SAR}_I}^2=\frac{\sigma_{\text{SAR}}^2}{2}\approx\frac{\sigma^2\Delta B_r\Delta B_x}{4b^2f_r^2}$$

(5.2.9)

从式(5.2.6b)可以看出,在均匀场景的 SAR 图像中,当两点相距超过一个分辨单元时,相关性很低,可以认为是零。因此,常假设 SAR 图像不同分辨单元之间互不相关。

由第 4 章可知,均匀场景回波信号的实部和虚部服从联合高斯分布,根据高斯分布的线性变换仍为高斯分布,则得均匀场景 SAR 图像的实部和虚部服从联合高斯分布,因此可以写出其 $n+n$ 维联合概率密度函数为

$$f_s(s_{c1},s_{s1},t_{r1},t_{x1};\cdots;s_{cn},s_{sn},t_{rn},t_{xn})=\frac{1}{(2\pi)^n|\boldsymbol{C}_{\text{SAR}}|^{1/2}}\exp\left(-\frac{1}{2}\boldsymbol{s}^{\text{T}}\boldsymbol{C}_{\text{SAR}}^{-1}\boldsymbol{s}\right)$$

(5.2.10a)

其中 $s = \begin{bmatrix} s_{c1} & \cdots & s_{cn} & s_{s1} & \cdots & s_{sn} \end{bmatrix}^T$ 为 SAR 图像实部和虚部的样本，s_{ci}、s_{si} 分别为 (t_{ri}, t_{xi}) 位置对应的实部和虚部样本，$i = 1, \cdots, n$。C_{SAR} 为 n 个时刻对应的实部和虚部的协方差矩阵，有

$$C_{SAR} = \frac{\sigma_{SAR}^2}{2} \begin{bmatrix} A & 0 \\ 0 & A \end{bmatrix} \tag{5.2.10b}$$

其中

$$A = \begin{bmatrix} 1 & \cdots & \mathrm{sinc}\left(\dfrac{t_{r1} - t_{rn}}{\rho_r}\pi\right) \mathrm{sinc}\left(\dfrac{t_{x1} - t_{xn}}{\rho_x}\pi\right) \\ \vdots & & \vdots \\ \mathrm{sinc}\left(\dfrac{t_{rn} - t_{r1}}{\rho_r}\pi\right) \mathrm{sinc}\left(\dfrac{t_{xn} - t_{x1}}{\rho_x}\pi\right) & \cdots & 1 \end{bmatrix} \tag{5.2.10c}$$

因此，对于一个像素点，$(s_c + \mathrm{j}s_s)$ 为其样本，则其概率密度函数为

$$f_s(s_c, s_s) = \frac{1}{\pi\sigma_{SAR}^2} \exp\left(-\frac{s_c^2 + s_s^2}{\sigma_{SAR}^2}\right) \tag{5.2.11}$$

采用与视频回波信号概率密度函数相同的分析方法，可以求得一个像素点幅度和相位的联合概率密度函数以及各自的边沿概率密度函数，分别为

$$f_s(a, \phi, t) = \frac{a}{\pi\sigma_{SAR}^2} \exp\left(-\frac{a^2}{\sigma_{SAR}^2}\right), \quad a \geqslant 0, \quad -\pi \leqslant \phi < \pi \tag{5.2.12a}$$

$$f_A(a, t) = \int_{-\pi}^{\pi} f_s(a, \phi, t)\,\mathrm{d}\phi = \frac{2a}{\sigma_{SAR}^2} \exp\left(-\frac{a^2}{\sigma_{SAR}^2}\right), \quad a \geqslant 0 \tag{5.2.12b}$$

$$f_\Phi(\phi, t) = \frac{1}{2\pi}, \quad -\pi \leqslant \phi < \pi \tag{5.2.12c}$$

因此也有 SAR 图像幅度和相位相互独立。SAR 图像幅度服从瑞利分布，相位服从均匀分布，计算幅度和相位的均值和方差，可得

$$m_A = \frac{\sqrt{\pi}}{2}\sigma_{SAR}, \quad \sigma_A^2 = \frac{(4 - \pi)}{4}\sigma_{SAR}^2 \tag{5.2.13a}$$

$$m_\Phi = 0, \quad \sigma_\Phi^2 = \frac{\pi^2}{3} \tag{5.2.13b}$$

5.2.2　孤立强散射体目标场景图像的统计特性分析

由式(5.2.1)和式(4.3.39a)可得到强点目标场景 SAR 复图像的自功率谱密度为

$$S_{SAR}(\omega_r, \omega_x) = \begin{cases} \dfrac{\sigma^2}{2b^2 f_{dr}^2} + \dfrac{4B^2\pi^2}{bf_{dr}}\delta(\omega_r)\delta(\omega_x), & \begin{aligned} & -\pi\Delta B_r \leqslant \omega_r \leqslant \pi\Delta B_r, \\ & -\pi\Delta B_x \leqslant \omega_x \leqslant \pi\Delta B_x \end{aligned} \\ 0, & \text{其他} \end{cases} \tag{5.2.14a}$$

自相关函数为

$$R_{\text{SAR}}(\tau_r,\tau_x) = \frac{\sigma^2 \Delta B_r \Delta B_x}{2b^2 f_{\text{dr}}^2} \text{sinc}\left(\frac{\tau_r}{\rho_r}\pi\right) \text{sinc}\left(\frac{\tau_x}{\rho_x}\pi\right) + \frac{B^2}{b f_{\text{dr}}} \quad (5.2.14\text{b})$$

含噪 SAR 复图像的自功率谱密度和自相关函数分别为

$$S_{\text{SAR}}(\omega_r,\omega_x) = \begin{cases} \dfrac{\sigma^2}{2b^2 f_{\text{dr}}^2} + \dfrac{2N_0}{b f_{\text{dr}}} + \dfrac{4B^2\pi^2}{b f_{\text{dr}}}\delta(\omega_r)\delta(\omega_x), & -\pi\Delta B_r \leqslant \omega_r \leqslant \pi\Delta B_r, \\ & -\pi\Delta B_x \leqslant \omega_x \leqslant \pi\Delta B_x \\ 0, & \text{其他} \end{cases}$$

$$(5.2.14\text{c})$$

$$R_{\text{SAR}}(\tau_r,\tau_x) = \left(\frac{\sigma^2}{2b^2 f_{\text{dr}}^2} + \frac{2N_0}{b f_{\text{dr}}}\right)\Delta B_r \Delta B_x \text{sinc}\left(\frac{\tau_r}{\rho_r}\pi\right)\text{sinc}\left(\frac{\tau_x}{\rho_x}\pi\right) + \frac{B^2}{b f_{\text{dr}}}$$

$$(5.2.14\text{d})$$

当给定 $\Theta = \theta$ 时,由式(4.3.40)得强点目标二维复回波信号的均值为

$$m_{\text{VE}'} = B e^{\text{j}\theta} \quad (5.2.15)$$

根据式(5.1.3)有

$$m_{\text{SAR}} = m_{\text{VE}'} * h_3(t_r,t_x) = B e^{\text{j}\theta} \int_{-\frac{T_S}{2}}^{\frac{T_S}{2}} \int_{-\frac{T_P}{2}}^{\frac{T_P}{2}} h_3(t_r,t_x)\text{d}t_r\text{d}t_x = B' e^{\text{j}\theta}$$

$$(5.2.16\text{a})$$

其中,$B' = B\displaystyle\int_{-\frac{T_S}{2}}^{\frac{T_S}{2}}\int_{-\frac{T_P}{2}}^{\frac{T_P}{2}} h_3(t_r,t_x)\text{d}t_r\text{d}t_x$。

在给定 $\Theta = \theta$ 的条件下,可以求得 SAR 复图像的方差为

$$\sigma_{\text{SAR}}^2 \approx \frac{\sigma^2 \Delta B_r \Delta B_x}{2b^2 f_{\text{dr}}^2} \quad (5.2.16\text{b})$$

因此,在 $\Theta = \theta$ 的条件下,强点目标场景 SAR 图像的实部和虚部的均值和方差分别为

$$m_{\text{SAR}_R} = B'\cos\theta \quad (5.2.17\text{a})$$

$$m_{\text{SAR}_I} = B'\sin\theta \quad (5.2.17\text{b})$$

$$\sigma_{\text{SAR}_R}^2 = \sigma_{\text{SAR}_I}^2 = \frac{\sigma_{\text{SAR}}^2}{2} \approx \frac{\sigma^2 \Delta B_r \Delta B_x}{4b^2 f_{\text{dr}}^2} \quad (5.2.17\text{c})$$

同理,强点目标场景 SAR 图像的实部和虚部仍然相互独立,并且服从联合高斯分布,因此可以写出其 $n+n$ 维联合概率密度函数为

$$f_{s'}(s'_{c1},s'_{s1},t'_{r1},t'_{x1};\cdots;s'_{cn},s'_{sn},t'_{rn},t'_{xn}\mid\theta) = \frac{1}{(2\pi)^n \mid \boldsymbol{C}_p \mid^{1/2}}\exp\left(-\frac{1}{2}\boldsymbol{p}^{\text{T}}\boldsymbol{C}_p^{-1}\boldsymbol{p}\right)$$

$$(5.2.18\text{a})$$

式中:$\boldsymbol{p} = \boldsymbol{s}' - \boldsymbol{m}_{s'}$,$\boldsymbol{s}' = [s'_{c1} \quad \cdots \quad s'_{cn} \quad s'_{s1} \quad \cdots \quad s'_{sn}]^{\text{T}}$ 分别为实部和虚部的样本,其中,s'_{ci}、s'_{si} 分别为 (t'_{ri},t'_{xi}) 位置对应的实部和虚部样本,$i=1,\cdots,n$;$\boldsymbol{m}_{s'} = [B'\cos\theta,\cdots,$ $B'\cos\theta,B'\sin\theta,\cdots,B'\sin\theta]$ 为随机矢量 $\boldsymbol{s}'$ 对应的均值矢量;$\boldsymbol{C}_p$ 为 n 个时刻对应的

实部和虚部的协方差矩阵,如式(5.2.10b)所示。

因此,对于一个像素点,$s'_c + js'_s$ 为其样本,则概率密度函数为

$$f_{s'}(s'_c, s'_s \mid \theta) = \frac{1}{\pi \sigma_{SAR}^2} \exp\left\{ -\frac{1}{\sigma_{SAR}^2} \left[(s'_c - m_{SAR_R})^2 + (s'_s - m_{SAR_I})^2 \right] \right\}$$

(5.2.18b)

与均匀场景类似,可以求得强点目标场景中一个像素点幅度和相位的联合概率密度函数为

$$f_{s'}(a', \phi' \mid \theta)$$
$$= \frac{a'}{\pi \sigma_{SAR}^2} \exp\left[-\frac{a'^2 + B'^2 - 2a'B'\cos(\phi' - \theta)}{\sigma_{SAR}^2} \right], \quad a' \geqslant 0, \quad -\pi \leqslant \phi' < \pi$$

(5.2.18c)

分别对 $f_{s'}(a', \phi' \mid \theta)$ 中的 ϕ' 和 a' 进行积分,得到 a' 和 ϕ' 的边沿概率密度函数分别为

$$f_{A'}(a' \mid \theta) = \int_{-\pi}^{\pi} f_{s'}(a', \phi' \mid \theta) \mathrm{d}\phi'$$
$$= \frac{2a'}{\sigma_{SAR}^2} \exp\left(-\frac{a'^2 + B'^2}{\sigma_{SAR}^2} \right) I_0 \left(\frac{2a'B'}{\sigma_{SAR}^2} \right), \quad a' \geqslant 0$$

(5.2.18d)

$$f_{\phi'}(\phi' \mid \theta) = \int_0^\infty f_{s'}(a', \phi' \mid \theta) \mathrm{d}a'$$
$$= \frac{1}{2\pi} \exp\left(-\frac{B'^2}{\sigma_{SAR}^2} \right) + \frac{B'\cos(\phi' - \theta)}{\sqrt{\pi} \, \sigma_{SAR}} \exp\left[-\frac{B'^2}{\sigma_{SAR}^2} \sin^2(\phi' - \theta) \right] \cdot$$
$$\left\{ \frac{1}{2} + \frac{1}{2} \mathrm{erf}\left[\frac{B'}{\sigma_{SAR}} \cos(\phi' - \theta) \right] \right\}, \quad -\pi \leqslant \phi' < \pi$$

(5.2.18e)

与视频回波信号概率密度函数类似,依据信噪比的大小,式(5.2.18d)与式(5.2.18e)也存在着两种极限情况,这里就不再赘述。

5.2.3　多视 SAR 图像的统计特性分析

1. SAR 图像多视处理

对于 SAR 系统,其分辨单元总是比发射电磁波的波长大很多,因此每个分辨单元内包含多个散射点。对这些随机散射点的散射回波进行矢量叠加,就构成了分辨单元的总回波。因此,一个分辨单元的回波强度就会有一定的随机起伏,而相应的在 SAR 图像上会呈现出粒状斑点,称为斑点噪声,这就会影响 SAR 图像的精确判读。

斑点噪声的强度由 SAR 图像强度的方差决定。为了降低斑点噪声,最有效的方法是对同一场景生成多幅独立的图像,之后逐个像素点非相干叠加,这就是多视处理。令功率图像为 $I(r, x)$,则有

$$I(r, x) = |s(r, x)|^2$$

(5.2.19)

SAR 多视处理的基本过程:首先,当 SAR 成像处理时,在二维频域将距离频谱

等间隔划分为 L_R 份,将多普勒频谱等间隔划分为 L_A 份;然后,对每一份进行傅里叶反变换,可以得到 $L_R \times L_A$ 幅 SAR 图像;最后,将这些 SAR 图像的功率图叠加,有

$$I_L(r,x) = \frac{1}{L} \sum_{i=1}^{L_R} \sum_{j=1}^{L_A} I_{ij}(r,x) \tag{5.2.20}$$

其中,$L = L_R \times L_A$;$I_{ij}(r,x)$ 为距离向第 i 视,方位向第 j 视的 SAR 功率图像,$i = 1, \cdots, L_R$;$j = 1, \cdots, L_A$;$I_L(r,x)$ 就称为 L 视处理之后的 SAR 功率图像,简称 L 视图像。

　　下面以方位向为例,给出不同视 SAR 图像的获取过程。在 SAR 系统中,方位向多个彼此独立的视可由平台以不同的方位角通过观察点时获得。波束分割的示意图如图 5.1 所示,第一视图像来源于波束的前 $1/L$ 部分,第二视图像来源于波束的第二个 $1/L$ 部分,依次类推。

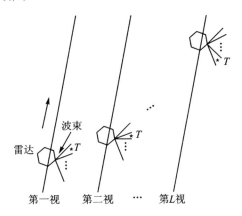

图 5.1　L 视波束分割的示意图

　　由于同一场景对于不同部分波束的散射回波在时域中是混叠的,因此无法直接完成视分割。在多普勒域,可以用一组不同中心频率的带通滤波器有效地分割不同视。为了避免损失太多信息,带通滤波器之间要有一定重叠;同时为了保证各视之间的独立性,重叠一般很小。这一组带通滤波器称为多视滤波器,如图 5.2 所示。

　　根据方位向分辨率与多普勒带宽的关系,可以得到 L 视图像的方位向分辨率为单视图像的 L 倍。因此,多视处理是以牺牲分辨率为代价来抑制斑点噪声的。

2. 均匀场景多视图像的统计特性分析

　　首先,根据式(5.2.12b)给出的单视 SAR 幅度图像的概率密度函数,利用随机变量函数的概率密度函数的计算方法,由 $I = a^2$,得单视 SAR 功率图像 I 的概率密度函数为

$$f_I(I) = \frac{1}{\sigma_{\mathrm{SAR}}^2} \exp\left(-\frac{I}{\sigma_{\mathrm{SAR}}^2}\right), \quad I \geqslant 0 \tag{5.2.21a}$$

服从指数分布。其均值和方差分别为

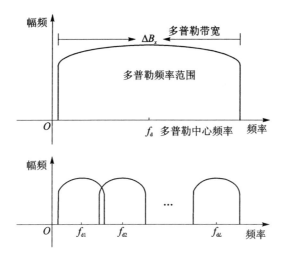

图 5.2　方位向多视滤波器示意图

$$m_I = E[I(r,x)] = \sigma^2_{\text{SAR}}, \quad \sigma^2_I = D[I(r,x)] = \sigma^4_{\text{SAR}} \qquad (5.2.21b)$$

一般假设不同视 SAR 图像独立同分布,均服从均值为 m_I、方差为 σ^2_I 的指数分布。下面利用特征函数计算 L 视 SAR 功率图像的概率密度函数。首先,给出各视图像的特征函数为

$$\varphi_I(v) = \int_0^\infty f_I(I) \mathrm{e}^{jvI} \mathrm{d}I = \frac{1}{1 - j\sigma_I v} \qquad (5.2.22a)$$

根据独立随机变量和的特征函数等于每个随机变量特征函数的乘积,可以得到 L 视功率图像的特征函数为

$$\varphi_{I_L}(v) = \prod_{i=1}^{L} \varphi_I(v) = [\varphi_I(v)]^L = \frac{1}{(1 - j\sigma_I v)^L} \qquad (5.2.22b)$$

进行傅里叶变换后,可得到 L 视功率图像的概率密度函数为

$$f_{I_L}(I_L) = \frac{1}{\Gamma(L)} \left(\frac{L}{\sigma_I}\right)^L I_L^{L-1} \exp\left(-\frac{LI_L}{\sigma_I}\right), \quad I_L \geqslant 0 \qquad (5.2.23)$$

其中,$\Gamma(\cdot)$ 为伽马函数,且有 $\Gamma(x) = \int_0^\infty u^{x-1} \mathrm{e}^{-u} \mathrm{d}u$。可以看出,$L$ 视 SAR 功率图像服从伽马分布。令 $\sigma_I = 2$,绘制不同视数下的 $f_{I_L}(I_L)$ 波形,如图 5.3 所示。可以看出,随着视数的不断增大,L 视 SAR 功率图像由指数分布向高斯分布逐渐变化。

计算其均值和方差,得

$$m_{I_L} = E[I_L(r,x)] = \frac{1}{L} \sum_{i=1}^{L_R} \sum_{j=1}^{L_A} E[I_{ij}(r,x)] = \frac{1}{L} \sum_{i=1}^{L_R} \sum_{j=1}^{L_A} \sigma_I = \sigma_I$$

$$(5.2.24a)$$

$$\sigma^2_{I_L} = D[I_L(r,x)] = \frac{1}{L^2} \sum_{i=1}^{L_R} \sum_{j=1}^{L_A} D[I_{ij}(r,x)] = \sigma^2_I/L \qquad (5.2.24b)$$

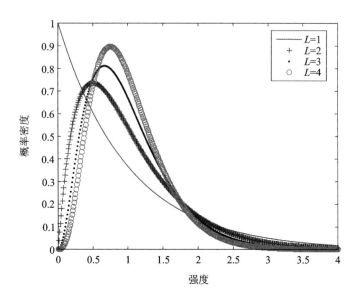

图 5.3　不同视数下的 SAR 图像强度的概率密度函数

可以看出，多视处理后，SAR 功率图像的均值不改变，方差变为原来的 $1/L$。

斑点噪声为乘性噪声，会随着均值的增大而增大。为了更好地说明斑点的强弱，定义一个相对值——等效视数 ENL 来衡量 SAR 图像斑点的强弱，有

$$\text{ENL} = \frac{\text{均值的平方}}{\text{方差}} \tag{5.2.25}$$

ENL 越大，说明斑点越弱。分别将式（5.2.21b）、式（5.2.24a）和式（5.2.24b）代入式（5.2.25），可以求得单视 SAR 功率图像和 L 视 SAR 功率图像的 ENL 分别为 1 和 L。因此，多视处理能够有效降低斑点噪声。

根据 SAR 图像的幅度与功率之间的函数关系，应用随机变量函数的概率密度函数的计算方法，可以求得 L 视幅度图像的概率密度函数为

$$f_{A_L}(a_L) = \frac{2}{\Gamma(L)}\left(\frac{\sqrt{2}L}{\sigma_I}\right)^L a_L^{2L-1}\,\mathrm{e}^{-\sqrt{2}La_L^2/\sigma_I} \tag{5.2.26}$$

服从平方根伽马分布，其在不同视数下的概率密度函数如图 5.4 所示。

> **思考题**：通过分析比较均匀面目标场景和孤立强散射目标场景图像实部、虚部、幅度和相位的概率密度函数，思考中心极限定理以及正态分布的物理意义。

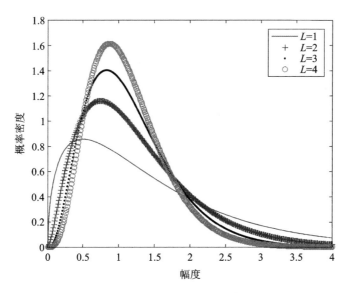

图 5.4　不同视数下的 SAR 图像幅度的概率密度函数

5.3　SAR 图像统计特性的应用

SAR 图像的统计特性在目标识别、雷达系统设计、目标检测、图像噪声抑制、图像分类与图像分割等诸多方面都有着广泛的应用。下面以 SAR 图像斑点噪声抑制和目标检测为例,给出统计特性在图像处理中的应用。

基于图像统计特性的滤波器是 SAR 噪声抑制中非常重要的一类方法,如 Lee 滤波、Kuan 滤波、Frost 滤波、MAP 滤波、EPOS 滤波等。图像统计特性也是目标检测方法的基础,典型的有恒虚警检测(CFAR)、Goldstein 检测、有序统计量 CFAR(OS-CFAR)等。下面分别选择最具代表性的 Lee 滤波和 CFAR 检测算法来说明 SAR 图像统计特性分析的重要性。

5.3.1　在图像噪声抑制中的应用——Lee 滤波

Jong-Sen Lee 基于图像局部统计特性,提出了能够自适应于图像变化,有效抑制图像噪声的滤波算法。Lee 滤波的基本思想是建立噪声模型后,应用最小均方误差准则,对已有的 SAR 图像进行滤波,实现对地物散射特性的估计。该算法是利用图像局部统计特性进行 SAR 图像噪声滤波的典型代表之一。

令 $\{x_{k,l}, k=1, \cdots, M; l=1, \cdots, N\}$ 表示一幅 SAR 灰度图像,处理窗口的大小为 $(2n+1) \times (2m+1)$,则对于像素点 (i,j),考虑平稳随机过程的各态历经性,假设图像具有均值各态历经性,则可以认为处理窗口内图像的均值为

$$\bar{x}_{i,j} = \frac{1}{(2n+1) \times (2m+1)} \sum_{k=i-n}^{i+n} \sum_{l=j-m}^{j+m} x_{k,l} \qquad (5.3.1)$$

假设图像具有自相关函数各态历经性,则可以认为方差为

$$w_{i,j} = \frac{1}{(2n+1) \times (2m+1)} \sum_{k=i-n}^{i+n} \sum_{l=j-m}^{j+m} (x_{k,l} - \bar{x}_{i,j})^2 \qquad (5.3.2)$$

为表述方便,后面将 $\bar{x}_{i,j}$ 与 $w_{i,j}$ 分别称为局部均值和局部方差。处理窗的大小会影响滤波器性能:如果窗较大,则滤波后的图像会过多地丢失原始图像的细节信息;如果窗较小,则噪声又不能够被有效地滤除。

当前像素点 (i,j) 经过 Lee 滤波后的估计值为

$$\hat{x}_{i,j} = \bar{x}_{i,j} + k_{i,j}(x_{i,j} - \bar{x}_{i,j}) \qquad (5.3.3)$$

式中:$\hat{x}_{i,j}$ 表示利用图像局部统计特性对 $x_{i,j}$ 的估计值;$k_{i,j}$ 表示对方差的调整增益,其值为滤波后的局部标准差与滤波前的局部标准差之比。

利用 5.2 节分析得到的不同图像像素间相互独立的特性,计算得

$$E(\hat{x}_{i,j}) = E[\bar{x}_{i,j} + k_{i,j}(x_{i,j} - \bar{x}_{i,j})] = \bar{x}_{i,j} \qquad (5.3.4a)$$

$$D(\hat{x}_{i,j}) = E[(\hat{x}_{i,j} - \bar{x}_{i,j})^2] = k_{i,j}^2 w_{i,j} \qquad (5.3.4b)$$

令 $\hat{x}_{i,j}$ 的方差最小,可以求得 $k_{i,j}$ 值,从而可以得到 $x_{i,j}$ 的最佳线性无偏估计。

SAR 图像的噪声干扰通常分为加性噪声和乘性噪声两种,但占据主导地位的是乘性噪声。下面讨论基于乘性噪声模型的 Lee 滤波算法。依据 Lee 所述的乘性噪声模型理论,可写出 SAR 图像经噪声干扰后的像素值为

$$y_{i,j} = x_{i,j} \mu_{i,j} \qquad (5.3.5)$$

式中:$\mu_{i,j}$ 表示乘性噪声,其均值 $\bar{\mu}_{i,j} = 1$,方差为 σ_μ^2。

由于 $\mu_{i,j}$ 与 $x_{i,j}$ 相互独立,所以式(5.3.5)满足

$$\bar{y}_{i,j} = \bar{x}_{i,j} \bar{\mu}_{i,j} \qquad (5.3.6)$$

进而,$y_{i,j}$ 的方差为

$$D(y_{i,j}) = E[(x_{i,j}\mu_{i,j} - \bar{x}_{i,j}\bar{\mu}_{i,j})^2] = E(x_{i,j}^2)E(\mu_{i,j}^2) - \bar{x}_{i,j}^2\bar{\mu}_{i,j}^2 \quad (5.3.7)$$

在局部窗内,可近似认为 $E(x_{i,j}^2) = \bar{x}_{i,j}^2$,因此式(5.3.7)可改写为

$$D(y_{i,j}) = \bar{x}_{i,j}^2 \sigma_\mu^2 \qquad (5.3.8a)$$

或者为

$$\sigma_\mu = \frac{\sqrt{D(y_{i,j})}}{\bar{x}_{i,j}} = \frac{\sqrt{D(y_{i,j})}}{\bar{y}_{i,j}} \qquad (5.3.8b)$$

随后,可计算出 $x_{i,j}$ 的均值和方差,即

$$\bar{x}_{i,j} = \frac{\bar{y}_{i,j}}{\bar{\mu}_{i,j}} \qquad (5.3.9a)$$

方差为

$$w_{i,j} = E[(x_{i,j} - \bar{x}_{i,j})^2] = E\left[\left(\frac{y_{i,j}}{\mu_{i,j}} - \frac{\bar{y}_{i,j}}{\bar{\mu}_{i,j}}\right)^2\right]$$

$$= \frac{D(y_{i,j}) + \bar{y}_{i,j}^2}{\sigma_\mu^2 + \bar{\mu}_{i,j}^2} - \left(\frac{\bar{y}_{i,j}}{\bar{\mu}_{i,j}}\right)^2 \tag{5.3.9b}$$

令 $y'_{i,j} = Ax_{i,j} + B\mu_{i,j} + C$，为了保证无偏估计，有

$$\left.\begin{array}{l} E(y'_{i,j}) = E(Ax_{i,j} + B\mu_{i,j} + C) = E(y_{i,j}) \\ J = E(y'_{i,j} - y_{i,j})^2 \end{array}\right\} \tag{5.3.10a}$$

式中：J 表示 $y'_{i,j}$ 与 $y_{i,j}$ 的均方误差。选择待定系数的值，可使 J 达到最小，从而解得：

$$\left.\begin{array}{l} A = \bar{\mu}_{i,j} \\ B = \bar{x}_{i,j} \\ C = -\bar{\mu}_{i,j}\bar{x}_{i,j} \end{array}\right\} \tag{5.3.10b}$$

则有

$$y'_{i,j} = \bar{\mu}_{i,j}x_{i,j} + \bar{x}_{i,j}\mu_{i,j} - \bar{\mu}_{i,j}\bar{x}_{i,j} \tag{5.3.10c}$$

其中，$y'_{i,j}$ 既为 $y_{i,j}$ 的最佳线性估计，又为 $y_{i,j}$ 的无偏估计，那么就有

$$y_{i,j} \approx \bar{\mu}_{i,j}x_{i,j} + \bar{x}_{i,j}\mu_{i,j} - \bar{\mu}_{i,j}\bar{x}_{i,j} \tag{5.3.11a}$$

不难看出，上式为 $y_{i,j}$ 关于 $(\bar{\mu}_{i,j}, \bar{x}_{i,j})$ 的一阶泰勒级数展开。进一步整理上式得

$$x_{i,j} = \bar{x}_{i,j} + \frac{1}{\mu_{i,j}}(y_{i,j} - \bar{x}_{i,j}\mu_{i,j}) \tag{5.3.11b}$$

联立式(5.3.5)，可将成像过程看作是一个测量过程，$x_{i,j}$ 为当前 SAR 图像像素点 (i,j) 的强度真值(测量真值)，$y_{i,j}$ 为观测值，$\mu_{i,j}$ 为系统控制变量，于是可建立卡尔曼滤波模型，即

$$\hat{x}_{i,j} = \bar{x}_{i,j} + k_{i,j}(y_{i,j} - \bar{\mu}_{i,j}\bar{x}_{i,j}) \tag{5.3.12a}$$

其中，$\bar{x}_{i,j}$ 可认为是当前像素点 (i,j) 像素值的估计值，$k_{i,j}$ 为卡尔曼增益，即

$$k_{i,j} = \frac{\bar{\mu}_{i,j}w_{i,j}}{\bar{x}_{i,j}^2\sigma_\mu^2 + \bar{\mu}_{i,j}^2w_{i,j}} \tag{5.3.12b}$$

Lee 滤波器利用图像的局部统计特性，能够有效抑制加性噪声和乘性噪声。为了直观地反映该算法的滤波效果，接下来以一幅真实的 SAR 图像作为 Lee 滤波器的输入源，观察输出结果，并统计出滤波前后图像的数字特征。以一幅 RADARSAT_1 原始图像为例，先后采用不同大小的局部窗对其进行滤波，滤波前后的图像如图 5.5 所示。图 5.5 表明：滤波器输出的图像，其方差相比原始图像有着大幅的降低；而且随着局部窗的增大，输出图像的方差进一步减小，对相干斑的平滑效果更加明显。

思考题：Lee 滤波如何抑制噪声的方差？为什么真实图像噪声抑制时图像的均值发生了变化？这种变化是有利的吗？如果为了保持均值不变，可以采用什么方法？

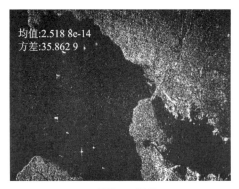

(a) 原始SAR图像

(b) Lee滤波图像(3×3局部窗)

(c) Lee滤波图像(5×5局部窗)

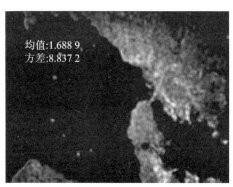

(d) Lee滤波图像(7×7局部窗)

图 5.5　不同局部窗的 Lee 滤波结果

5.3.2　在图像目标检测中的应用——CFAR 检测

在一幅 SAR 图像中,除了目标以外,还包含着大量由杂波构成的背景像素点。SAR 图像目标检测,就是从杂波背景中检测出感兴趣的目标。恒虚警率(Constant-Fasle Alarm Rate,CFAR)算法是一种基于图像统计模型的检测算法,具有很广泛的应用。另外,该方法又是一种像素级的目标检测方法,必须保证目标相对于背景杂波有较强的对比度,才能够区分目标和背景。在给定虚警概率的前提下,可以根据背景场景的统计分布来确定目标的检测门限。

检测算法的性能通常由虚警概率 P_{FA} 和检测概率 P_D 这两个参量来描述。P_{FA} 表示 SAR 的测绘区域没有目标,但检测系统判定目标存在的概率;P_D 表示测绘区域确实存在目标并且能够被检测系统检测到的概率。假设一成像区域内包含的目标为 T,目标所处的场景为 B,则依据贝叶斯公式下式成立:

$$P(T \mid x) = P(x \mid T)P(T)/P(x) \tag{5.3.13}$$

式中:$P(T \mid x)$ 为后验概率,表示获得 SAR 图像后判定目标存在的概率;$P(x)$ 为获

得图像数据的概率;$P(T)$为目标存在的概率;$P(x|T)$为目标存在的条件下获得图像数据的概率。

同理,对于除目标之外的背景数据而言,也有类似的形式如下:

$$P(B|x) = P(x|B)P(B)/P(x) \tag{5.3.14}$$

显然,当 $P(T|x) > P(B|x)$ 时,可以认为目标存在。依据式(5.3.13)与式(5.3.14),目标存在的判定条件又可改写为

$$\frac{P(x|T)}{P(x|B)} > \frac{P(B)}{P(T)} \tag{5.3.15}$$

$P(T)$ 和 $P(B)$ 均为先验概率,实际中往往无法预知,因此上式所定义的判决准则无法满足实际应用。

Neyman - Pearson 准则认为,当满足下式条件式时,可认为目标存在,即

$$\frac{P(x|T)}{P(x|B)} > \varepsilon \tag{5.3.16}$$

阈值 ε 的确定可以利用目标检测对虚警概率的要求。如果只考虑单个像素点,其在背景区域内的虚警概率应小于或等于 P_{FA},则阈值的确定公式为

$$\int_{\varepsilon}^{\infty} P(x|B)\,\mathrm{d}x \leqslant P_{\mathrm{FA}} \tag{5.3.17}$$

当阈值确定后,该像素点被判定为目标的检测概率为

$$P_{\mathrm{D}} = \int_{\varepsilon}^{\infty} P(x|T)\,\mathrm{d}x \tag{5.3.18}$$

式(5.3.16)和式(5.3.17)表明,当目标的先验概率未知时,通常可以在已知背景概率分布的情况下,以虚警概率为条件来确定 CFAR 的阈值 ε。

在均匀场景中,单一背景像素点的强度服从指数分布,由式(5.2.21)可写出均匀场景的虚警概率为

$$P_{\mathrm{FA}} = \frac{1}{\sigma_{\mathrm{SAR}}^2} \int_{\varepsilon}^{\infty} \exp\left(-\frac{I}{\sigma_{\mathrm{SAR}}^2}\right) \mathrm{d}I = \exp\left(-\frac{\varepsilon}{\sigma_{\mathrm{SAR}}^2}\right) \tag{5.3.19}$$

若给定 P_{FA},则可确定阈值 $\varepsilon \geqslant -\sigma_{\mathrm{SAR}}^2 \ln P_{\mathrm{FA}}$。

SAR 图像 CFAR 检测的基本流程如图 5.6 所示,其主要包括以下 4 个步骤:

① SAR 图像统计特性分析。主要结合理论推导和直方图统计来分析图像的概率分布特性,给出所处理图像的特点。

② SAR 图像概率分布函数确定。根据本章关于 SAR 图像统计特性的理论推导结果,对 SAR 图像直方图进行拟合,并对现有分布形式进行改进。

③ SAR 图像 CFAR 检测阈值确定。结合 SAR 图像的背景场景统计特性分析,利用公式(5.3.17)确定图像检测阈值。

④ 检测处理和虚警像素滤除。利用步骤③确定的检测阈值,对图像进行检测处理,并利用一定的先验知识,对图像中存在的虚警点进行滤除。

下面对一幅真实的 SAR 图像进行恒虚警检测,截取图 5.5 中原始图像包含海面

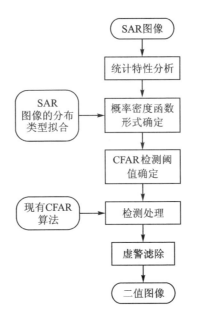

图 5.6　SAR 图像 CFAR 检测处理流程

船只的部分,将船只作为要检测的目标。该图像的原始图像和灰度直方图如图 5.7 所示,利用 5.2 节中统计特性的分析结果确定虚警阈值后,开始对其进行检测,检测结果如图 5.8。可以看出,所有的船只目标都被检测出来了。

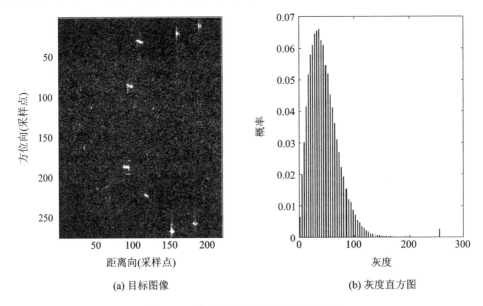

(a) 目标图像　　　　　　　　　　　　(b) 灰度直方图

图 5.7　真实 SAR 图像与灰度直方图

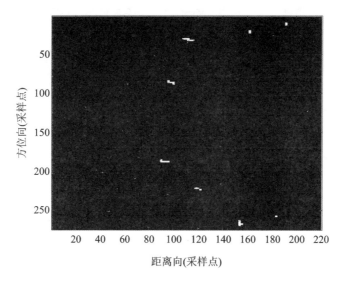

图 5.8 CFAR 检测结果

> **思考题**：本节给出的检测方法在杂波具有各态历经性时具有较好的处理结果，但是在海陆交接，或者其他杂波不平稳的区域，本节中的方法精度大大降低，试考滤如何解决这一问题？

5.4 SAR 图像仿真及其统计特性

利用随书所附的"《微波成像雷达信号统计特性》配套软件"，对图 4.9 所示的视频回波进行成像处理，结果如图 5.9 所示。图 5.9(a)～(d)分别给出了均匀面目标场景的 SAR 图像的实部、虚部、幅度和相位，对应的统计直方图如图 5.10(a)～(d)所示，均值和方差见表 5.1。时间自相关函数与功率谱密度图 5.11 所示。利用随机过程的各态历经性，可以认为时间自相关函数等于自相关函数。

可以看出，仿真生成的图像信号统计特性的实际统计结果与理论分析相吻合。

表 5.1 仿真 SAR 图像的数字特征统计结果

真实回波	均 值	方 差
实部	$-0.023\,6$	$706.301\,7$
虚部	$-0.178\,0$	$706.588\,4$
幅度	$33.173\,8$	$312.404\,2$
相位	$-0.008\,9$	$3.298\,8$

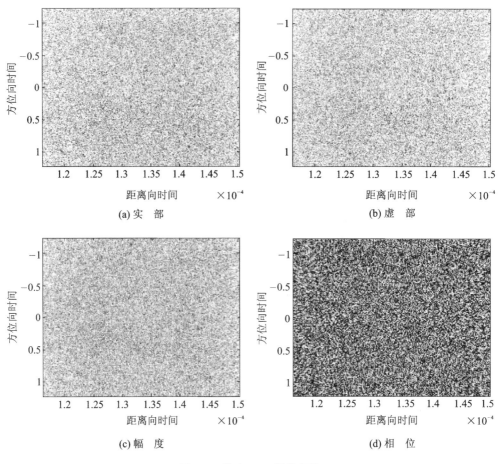

图 5.9　仿真 SAR 图像切片

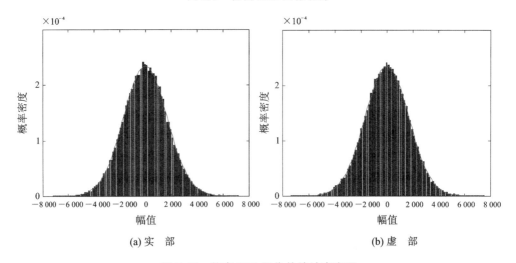

图 5.10　仿真 SAR 图像的统计直方图

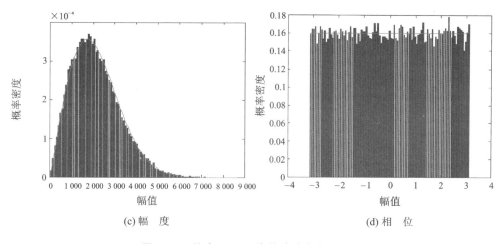

(c) 幅　度

(d) 相　位

图 5.10　仿真 SAR 图像的统计直方图(续)

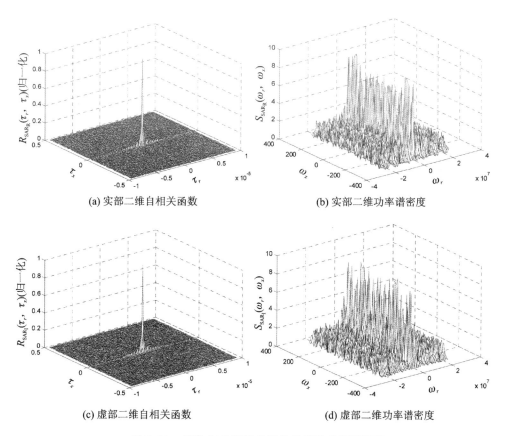

(a) 实部二维自相关函数

(b) 实部二维功率谱密度

(c) 虚部二维自相关函数

(d) 虚部二维功率谱密度

图 5.11　仿真 SAR 图像的相关函数及功率谱密度

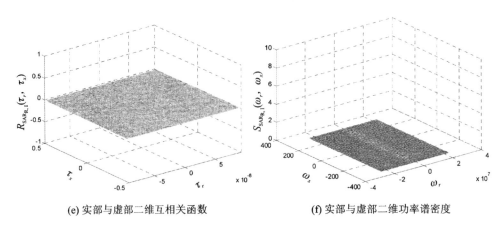

(e) 实部与虚部二维互相关函数　　　　　(f) 实部与虚部二维功率谱密度

图 5.11　仿真 SAR 图像的相关函数及功率谱密度（续）

思考题：利用随书所附软件，仿真生成两幅不同大小的图像信号，统计直方图，估算前两阶数字特性，与理论分析相比较。观察比较结果，并分析讨论。

第6章　微波成像雷达干涉相位的统计特性分析——高斯随机过程

由第 5 章的分析可知,单幅 SAR 图像的相位服从均匀分布,从中得不到任何信息。第 2 章给出,不同 SAR 图像的相位差、干涉相位或差分干涉相位,能够反映地形高程或者形变信息,因此本章主要利用高斯随机过程的相关理论分析 SAR 干涉相位的统计特性。

同一地面场景的多幅 SAR 图像,可以看成是该场景在不同时间或者不同角度的观测随机量。从这一点来说,多幅 SAR 图像是一个随机序列,而每一个特定时刻的 SAR 图像又是二维空间的随机过程,因此多幅 SAR 图像是一个矢量随机过程,N 幅 SAR 图像可以表示为 $[s_1(t_r,t_x),s_2(t_r,t_x),\cdots,s_N(t_r,t_x)]$,其中 $s_i(t_r,t_x)$ 表示第 t_i 时刻获得的 SAR 图像,$i=1,\cdots,N$。

为了简化分析,并不失一般性,本书仅分析一个像素点干涉相位的统计特性,结论可用于其他像素点。因此,可以省去 SAR 图像中的二维空间变量 (t_r,t_x),而表示为 $[s_1,s_2,\cdots,s_N]$。

6.1　高斯随机过程

6.1.1　定　义

定义 6.1　**高斯随机过程**:若随机过程 $X(t)$ 的任意有限维分布均服从高斯分布,则 $X(t)$ 为高斯随机过程。其 n 维概率密度函数表示为

$$f_X(x_1,x_2,\cdots,x_n;t_1,\cdots,t_n)=\frac{1}{(2\pi)^{n/2}|\boldsymbol{C}_X|^{1/2}}\exp\left[-\frac{1}{2}(\boldsymbol{x}-\boldsymbol{m}_X)^{\mathrm{T}}\boldsymbol{C}_X^{-1}(\boldsymbol{x}-\boldsymbol{m}_X)\right]$$

$$(6.1.1)$$

其中,$\boldsymbol{x}=[x_1,x_2,\cdots,x_n]^{\mathrm{T}}$ 为 $\boldsymbol{X}=[X(t_1),X(t_2),\cdots,X(t_n)]^{\mathrm{T}}$ 的样本,$\boldsymbol{m}_X$ 为 $\boldsymbol{X}=[X(t_1),X(t_2),\cdots,X(t_n)]^{\mathrm{T}}$ 的均值,$(\cdot)^{\mathrm{T}}$ 表示矩阵转置运算,$(\cdot)^{-1}$ 表示矩阵求逆运算,$|\cdot|$ 表示矩阵行列式运算。$\boldsymbol{C}_X$ 为 $\boldsymbol{X}=[X(t_1),X(t_2),\cdots,X(t_n)]^{\mathrm{T}}$ 的协方差矩阵,有

$$\boldsymbol{C}_X=\begin{bmatrix} D[X(t_1)] & \cdots & \mathrm{cov}[X(t_1),X(t_n)] \\ \vdots & & \vdots \\ \mathrm{cov}[X(t_n),X(t_1)] & \cdots & D[X(t_n)] \end{bmatrix}$$

$$(6.1.2)$$

当一个随机过程为高斯随机过程时,其任意有限维分布均服从高斯分布。从

式(6.1.1)可以看出,高斯随机过程是一个二阶矩过程,其概率分布特性完全由其均值和协方差矩阵决定,即由其前两阶矩决定。

具体地,高斯随机过程的一维概率密度函数为

$$f_X(x,t)=\frac{1}{\sqrt{2\pi}\sigma_X(t)}\exp\left\{-\frac{[x-m_X(t)]^2}{2\sigma_X^2(t)}\right\} \tag{6.1.3}$$

其中,$m_X(t)$和$\sigma_X^2(t)$分别为$X(t)$的均值和方差。可以看出,一维概率密度函数完全由其均值和方差确定。

高斯随机过程的二维概率密度函数为

$$f_X(x_1,x_2,t_1,t_2)=\frac{1}{2\pi\sqrt{\sigma_X^2(t_1)\sigma_X^2(t_2)-C_X^2(t_1,t_2)}}\cdot$$

$$\exp\left\{-\frac{1}{2\left[1-\frac{C_X^2(t_1,t_2)}{\sigma_X^2(t_1)\sigma_X^2(t_2)}\right]}\left[\frac{(x_1-m_X(t_1))^2}{\sigma_X^2(t_1)}-\right.\right.$$

$$2\frac{C_X(t_1,t_2)}{\sigma_X(t_1)\sigma_X(t_2)}\cdot\frac{x_1-m_X(t_1)}{\sigma_X(t_1)}\cdot\frac{x_2-m_X(t_2)}{\sigma_X(t_2)}+$$

$$\left.\left.\frac{(x_2-m_X(t_2))^2}{\sigma_X^2(t_2)}\right]\right\} \tag{6.1.4}$$

其中,$m_X(t)$和$\sigma_X^2(t)$分别为$X(t)$的均值函数和方差函数,$C_X(t_1,t_2)$为$X(t)$的自协方差函数。可以看出,高斯随机过程的二维概率密度函数也完全由其前两阶统计特性确定。当$X(t_1)$与$X(t_2)$互不相关,即$C_X(t_1,t_2)=0$时,上式变为

$$f_X(x_1,x_2,t_1,t_2)$$
$$=\frac{1}{2\pi\sigma_X(t_1)\sigma_X(t_2)}\exp\left\{-\frac{1}{2}\left[\frac{(x_1-m_X(t_1))^2}{\sigma_X^2(t_1)}+\frac{(x_2-m_X(t_2))^2}{\sigma_X^2(t_2)}\right]\right\}$$
$$=\frac{1}{\sqrt{2\pi}\sigma_X(t_1)}\exp\left\{-\frac{[x-m_X(t_1)]^2}{2\sigma_X^2(t_1)}\right\}\cdot\frac{1}{\sqrt{2\pi}\sigma_X(t_2)}\exp\left\{-\frac{[x-m_X(t_2)]^2}{2\sigma_X^2\cdot(t_2)}\right\}$$
$$=f_X(x,t_1)\cdot f_X(x,t_2) \tag{6.1.5}$$

即$X(t_1)$与$X(t_2)$相互独立。

一般地,两个随机量,相互独立则一定互不相关,而互不相关未必相互独立。对于两个联合高斯的随机矢量,互不相关时,式(6.1.2)中非对角线上的元素为零,利用矩阵运算,也可以得到这两个高斯随机矢量相互独立。因此,在高斯分布下互不相关与相互独立等价。正是因为高斯随机过程的前两阶矩决定了概率密度函数,因此有前两阶矩定义的互不相关意味着概率密度函数定义的相互独立。

进一步观察式(6.1.1)和式(6.1.2),可以看出当高斯随机过程狭义平稳时,其均

值和自协方差等前两阶矩一定存在,则有高斯过程亦广义平稳;当高斯随机过程广义平稳时,均值矢量是常数,式(6.1.2)给出的自协方差矩阵仅与时间间隔有关,因此式(6.1.1)给出的任意有限的 n 维概率密度函数也仅与时间间隔有关,从而有高斯随机过程狭义平稳,因此说高斯随机过程狭义平稳与广义平稳等价。

综上,高斯随机过程具有以下特点:

① 高斯随机过程任意两点之间的统计独立与互不相关等价;

② 高斯随机过程的广义平稳与狭义平稳等价。

继续研究式(6.1.1)和式(6.1.2),计算高斯联合分布的边沿分布。将矢量 $\boldsymbol{X}$ 分为两块 $\boldsymbol{X} = \begin{bmatrix} \boldsymbol{X}_1 \\ \boldsymbol{X}_2 \end{bmatrix}$,其中 $\boldsymbol{X}_1$ 和 $\boldsymbol{X}_2$ 分别含有 n_1 和 n_2 个元素,$n_1 + n_2 = n$。若由式(6.1.1)所给 n 维联合高斯分布计算 $\boldsymbol{X}_1$ 的边沿分布,则有

$$f_{X_1}(\boldsymbol{x}_1) = \int f_X(\boldsymbol{x}) \mathrm{d}\boldsymbol{x}_2 \qquad (6.1.6)$$

令 $\boldsymbol{X}$ 均值为零(如果均值不为零,则可以通过减去均值定义新的随机矢量,得到均值为零的随机矢量),将协方差矩阵进行分块,有

$$\boldsymbol{C}_X = \begin{bmatrix} E[\boldsymbol{X}_1^{\mathrm{T}} \boldsymbol{X}_1] & E[\boldsymbol{X}_1^{\mathrm{T}} \boldsymbol{X}_2] \\ E[\boldsymbol{X}_2^{\mathrm{T}} \boldsymbol{X}_1] & E[\boldsymbol{X}_2^{\mathrm{T}} \boldsymbol{X}_2] \end{bmatrix} = \begin{bmatrix} \boldsymbol{C}_{11} & \boldsymbol{C}_{12} \\ \boldsymbol{C}_{21} & \boldsymbol{C}_{22} \end{bmatrix} \qquad (6.1.7)$$

其中,$\boldsymbol{C}_{12} = \boldsymbol{C}_{21}^{\mathrm{T}}$。计算分块矩阵的逆为

$$\boldsymbol{C}_X^{-1} = \begin{bmatrix} \boldsymbol{B}_{11} & \boldsymbol{B}_{12} \\ \boldsymbol{B}_{21} & \boldsymbol{B}_{22} \end{bmatrix} \qquad (6.1.8a)$$

其中,

$$\boldsymbol{B}_{22} = [\boldsymbol{C}_{22} - \boldsymbol{C}_{21} \boldsymbol{C}_{11}^{-1} \boldsymbol{C}_{12}]^{-1} \qquad (6.1.8b)$$

$$\boldsymbol{B}_{12} = -\boldsymbol{C}_{11}^{-1} \boldsymbol{C}_{12} \boldsymbol{B}_{22} \qquad (6.1.8c)$$

$$\boldsymbol{B}_{21} = -\boldsymbol{B}_{22} \boldsymbol{C}_{21} \boldsymbol{C}_{11}^{-1} \qquad (6.1.8d)$$

$$\boldsymbol{B}_{11} = \boldsymbol{C}_{11}^{-1} - \boldsymbol{B}_{12} \boldsymbol{C}_{21} \boldsymbol{C}_{11}^{-1} \qquad (6.1.8e)$$

利用式(6.1.8),有

$$\begin{aligned} f_X(\boldsymbol{x}) &= \frac{1}{(2\pi)^{n/2} |\boldsymbol{C}_X|^{1/2}} \exp\left(-\frac{1}{2} \boldsymbol{x}^{\mathrm{T}} \boldsymbol{C}_X^{-1} \boldsymbol{x}\right) \\ &= \frac{1}{(2\pi)^{n/2} |\boldsymbol{C}_X|^{1/2}} \exp\left[-\frac{1}{2}(\boldsymbol{x}_1^{\mathrm{T}} \boldsymbol{B}_{11} \boldsymbol{x}_1 + \boldsymbol{x}_1^{\mathrm{T}} \boldsymbol{B}_{12} \boldsymbol{x}_2 + \boldsymbol{x}_2^{\mathrm{T}} \boldsymbol{B}_{21} \boldsymbol{x}_2 + \boldsymbol{x}_2^{\mathrm{T}} \boldsymbol{B}_{22} \boldsymbol{x}_2)\right] \\ &= \frac{1}{(2\pi)^{n/2} |\boldsymbol{C}_X|^{1/2}} \exp\left\{-\frac{1}{2}\left[(\boldsymbol{x}_2 - \boldsymbol{C}_{21} \boldsymbol{C}_{11}^{-1} \boldsymbol{x}_1)^{\mathrm{T}} \boldsymbol{B}_{22} (\boldsymbol{x}_2 - \boldsymbol{C}_{21} \boldsymbol{C}_{11}^{-1} \boldsymbol{x}_1)\right]\right\} \cdot \\ &\quad \exp\left[-\frac{1}{2}(\boldsymbol{x}_1^{\mathrm{T}} \boldsymbol{C}_{11}^{-1} \boldsymbol{x}_1)\right] \end{aligned} \qquad (6.1.9)$$

将式(6.1.9)代入式(6.1.6)得

$$f_{X_1}(x_1) = \frac{1}{(2\pi)^{n_1/2}|C_{11}|^{1/2}}\exp\left(-\frac{1}{2}x_1^{\mathrm{T}}C_{11}^{-1}x_1\right) \tag{6.1.10}$$

可以看出,仍然服从高斯分布。

计算 X_1 给定的条件下 X_2 的条件分布,有

$$f_{X_2|X_1}(x_2 \mid x_1) = \frac{f_X(x)}{f_{X_1}(x_1)} \tag{6.1.11a}$$

将式(6.1.9)和式(6.1.10)代入上式,得

$$f_{X_2|X_1}(x_2 \mid x_1) = \frac{1}{(2\pi)^{n_2/2}|B_{22}|^{1/2}}\exp\left\{-\frac{1}{2}\left[(x_2 - C_{21}C_{11}^{-1}x_1)^{\mathrm{T}}B_{22}(x_2 - C_{21}C_{11}^{-1}x_1)\right]\right\} \tag{6.1.11b}$$

可以看出,仍为高斯分布的形式。

对 X 进行线性变换得随机矢量 $Y=LX$,由随机矢量的函数的概率密度函数的计算公式,可以得到 Y 的概率密度函数为

$$f_Y(y) = f_X(h(y))|J| \tag{6.1.12a}$$

其中

$$x = h(y) = L^{-1}y \tag{6.1.12b}$$

$$J = \left|\frac{\partial x}{\partial y}\right| = |L^{-1}| = 1/|L| \tag{6.1.12c}$$

所以有

$$f_Y(y) = \frac{1}{(2\pi)^{n/2}|C_X|^{1/2}|L|}\exp\left[-\frac{1}{2}(L^{-1}y)^{\mathrm{T}}C_X^{-1}(L^{-1}y)\right]$$
$$= \frac{1}{(2\pi)^{n/2}|C_X|^{1/2}|L|}\exp\left[-\frac{1}{2}y^{\mathrm{T}}(L^{-1})^{\mathrm{T}}C_X^{-1}L^{-1}y\right] \tag{6.1.13a}$$

因为

$$C_Y = E[YY^{\mathrm{T}}] = E[(LX)(LX)^{\mathrm{T}}] = E[LX^{\mathrm{T}}XL^{\mathrm{T}}] = LC_XL^{\mathrm{T}} \tag{6.1.13b}$$

$$|C_Y|^{1/2} = |C_X|^{1/2}|L| \tag{6.1.13c}$$

$$C_Y^{-1} = (L^{\mathrm{T}})^{-1}C_X^{-1}L^{-1} = (L^{-1})^{\mathrm{T}}C_X^{-1}L^{-1} \tag{6.1.13d}$$

式(6.1.13a)可以写为

$$f_Y(y) = \frac{1}{(2\pi)^{n/2}|C_Y|^{1/2}}\exp\left(-\frac{1}{2}y^{\mathrm{T}}C_Y^{-1}y\right) \tag{6.1.13e}$$

所以线性变换之后仍然服从高斯分布。

综上所述,n 维高斯分布的很多相关分布仍然服从高斯分布:

① n 维高斯分布的边沿分布是高斯分布;

② n 维高斯分布的条件分布是高斯分布;

③ n 维高斯矢量线性变换的分布是高斯分布。

这些性质都使得高斯随机过程在实际应用中统计特性分析的相关运算变得简

单,而中心极限定理又告诉我们:当一个随机现象由很多作用微小、地位相等、相互独立的随机因素引起时,其服从高斯分布。因此在实际工程中,常常假设噪声为高斯随机过程。例如,反映分子运动的布朗运动就是高斯随机过程。

6.1.2　高斯分布的发展历史

高斯分布,也称正态分布,最早是由法国数学家棣莫弗发现的。因为生活中很多随机现象,例如某地区的气温、降水量,人的身高、体重,一个班级学生的成绩,等等,都服从高斯分布。因而人们认为这是一种"常态"分布,从而称其为"常态分布"或者"正态"分布。

棣莫弗是在雅各布·伯努利研究的基础上,分析了二项式分布中心项概率以及各项概率与中心项概率之比,发现了高斯分布的概率密度函数曲线。棣莫弗考虑伯努利试验中,每次试验的两个结果都是等可能的,即有概率均为 $p=q=\dfrac{1}{2}$;试验次数 n 足够大,且 $n=2m$ 为偶数,他给出了 m 次成功的概率为

$$P(X=m)=\mathrm{C}_n^m\left(\frac{1}{2}\right)^n=\frac{(2m)!}{m!\,m!}\left(\frac{1}{2}\right)^{2m}=2^{-2m+1}\prod_{k=1}^{m-1}\frac{1+k/m}{1-k/m}\quad(6.1.14)$$

对上式两边取对数,并利用

$$\ln\frac{1+k/m}{1-k/m}=2\sum_{l=1}^{\infty}\frac{(k/m)^{2l-1}}{2l-1}\quad(6.1.15)$$

得

$$\ln P(X=m)=(1-2m)\ln 2+2\sum_{k=1}^{m-1}\sum_{l=1}^{\infty}\frac{(k/m)^{2l-1}}{2l-1}\quad(6.1.16)$$

利用级数展开,得到了 $P(X=m)=2/\sqrt{2\pi n}$,并推导得到了

$$P(X=m+x)=\frac{2}{\sqrt{2\pi n}}\exp\left(-\frac{2x^2}{n}\right)\quad(6.1.17)$$

拉普拉斯对误差函数进行了研究,力图推导出一个合理的误差曲线。他给出了误差曲线必须满足的三个条件:一是关于零点对称;二是误差趋于无穷大时误差函数趋于零;三是误差曲线下方的总面积为 1。可以看出,拉普拉斯给出的这三个条件中,第二个和第三个均是连续随机变量概率密度函数曲线必须满足的性质。很可惜的是,有很多函数都能够满足拉普拉斯的三点假设,他通过推导,给出了函数的形式为 $\dfrac{a}{2}\exp(-a|x|),a>0$。但是,基于这个函数的计算非常困难。

高斯沿用拉普拉斯研究误差函数的准则,讨论了测量误差问题。对一个真值 x_0 进行 n 次独立观测,得到测量值分别为 $X_1,\cdots,X_n$ 时,令误差独立同分布,且概率密度函数为 $f_{\Delta X}(\Delta x)$,因此误差函数定义为误差的联合概率密度

$$L(x;\Delta x_1,\cdots,\Delta x_n)=f_{\Delta X}(\Delta x_1)\cdots f_{\Delta X}(\Delta x_n)\quad(6.1.18)$$

其中，$\Delta x_k = x_k - x_0, k = 1, \cdots, n$。高斯认为，使得 $L(x; \Delta x_1, \cdots, \Delta x_n)$ 最大的 x 就是 x_0 的估计值，并假设为 $X_1, \cdots, X_n$ 的平均值。依据此观点，高斯得到了

$$\ln[f_{\Delta X}(\Delta x)] = \frac{1}{2} k \Delta x^2 + 常数$$

进一步高斯利用拉普拉斯给出的误差函数的条件，判定 k 为负值，令 $k = -\frac{1}{\sigma^2}$ 后，得到 $f_{\Delta X}(\Delta x)$ 的表达式

$$f_{\Delta X}(\Delta x) = \frac{1}{\sqrt{2\pi}\sigma} \exp\left(-\frac{\Delta x^2}{2\sigma^2}\right) \tag{6.1.19}$$

为高斯函数形式，即正态分布或者高斯分布。

随后，拉普拉斯证明了对于独立同分布的 n 个随机变量 $X_1, \cdots, X_n$，在 n 足够大时，它们的和 $S_n = X_1 + \cdots + X_n$ 服从高斯分布，且均值和方差均为 X_1 均值和方差的 n 倍。拉普拉斯也将高斯函数 $a\exp(-kx^2)$ 确定为误差函数或者概率分布函数。

> **思考题**：如何证明一个随机矢量服从高斯分布？如何证明一个随机过程是高斯随机过程？阐述两者之间的异同。

6.2　高斯随机过程用于均匀场景干涉相位的统计特性分析

由第 2 章知道，干涉相位被定义为两幅 SAR 复图像的相位差。对于 $[s_1, s_2, \cdots, s_N]$ 中的第 m 幅和 n 幅 SAR 图像 s_m 和 s_n，它们的干涉相位 $\Phi_{m,n}$ 可以表示为

$$\Phi_{m,n} = \Phi_m - \Phi_n = \arctan\left(\frac{s_{sm}}{s_{cm}}\right) - \arctan\left(\frac{s_{sn}}{s_{cn}}\right) \tag{6.2.1}$$

$\Phi_{m,n}$ 是 SAR 图像实部和虚部的函数。利用随机矢量函数的概率密度函数的计算方法，当 $[s_{cm}, s_{cn}, s_{sm}, s_{sn}]$ 的联合概率密度函数已知时，就可以求得干涉相位 $\Phi_{m,n}$ 的概率密度函数。

6.2.1　单视 SAR 干涉相位的统计特性分析

1. 两幅图像干涉相位统计特性分析

由第 4 章和第 5 章的分析可知，不同 SAR 图像的实部和虚部仍然服从高斯分布，因此两幅 SAR 复图像实部和虚部的联合概率密度函数可以写为

$$f_s(s_{cm}, s_{cn}, s_{sm}, s_{sn}) = \frac{1}{(2\pi)^2 |C_s|^{1/2}} \exp\left(-\frac{1}{2}s^T C_s^{-1} s\right) \tag{6.2.2}$$

其中，$s = [s_{cm}, s_{cn}, s_{sm}, s_{sn}]^T$，$C_s$ 为协方差矩阵，有

$$\boldsymbol{C}_s = \begin{bmatrix} \sigma_{cm}^2 & \mathrm{cov}(s_{cm},s_{cn}) & \mathrm{cov}(s_{cm},s_{sm}) & \mathrm{cov}(s_{cm},s_{sn}) \\ \mathrm{cov}(s_{cn},s_{cm}) & \sigma_{cn}^2 & \mathrm{cov}(s_{cn},s_{sm}) & \mathrm{cov}(s_{cn},s_{sn}) \\ \mathrm{cov}(s_{sm},s_{cm}) & \mathrm{cov}(s_{sm},s_{cn}) & \sigma_{sm}^2 & \mathrm{cov}(s_{sm},s_{sn}) \\ \mathrm{cov}(s_{sn},s_{cm}) & \mathrm{cov}(s_{sn},s_{cn}) & \mathrm{cov}(s_{sn},s_{sm}) & \sigma_{sn}^2 \end{bmatrix} \quad (6.2.3)$$

假设场景特性不随时间变化,获取不同的 SAR 图像的成像处理器相同,如果不考虑 SAR 系统增益的影响,则由 5.2 节和 4.1 节的公式得

$$\sigma_{cm}^2 = \sigma_{sm}^2 = \sigma_{cn}^2 = \sigma_{sn}^2, \quad \mathrm{cov}(s_{cm},s_{cn}) = \mathrm{cov}(s_{sm},s_{sn}) \quad (6.2.4)$$

虽然在实际中 SAR 系统增益不同,但是在干涉处理时,通常采用幅度归一的处理使上式成立。由 5.2 节得

$$\mathrm{cov}(s_{cm},s_{sm}) = \mathrm{cov}(s_{cn},s_{sn}) = 0, \quad \mathrm{cov}(s_{cm},s_{sn}) = -\mathrm{cov}(s_{sm},s_{cn}) \quad (6.2.5)$$

令 $\gamma_{m,n}$ 为 s_m 和 s_n 的复相关系数,即

$$\gamma_{m,n} = \frac{\mathrm{cov}(s_m,s_n)}{\sqrt{\sigma_m^2 \sigma_n^2}} \quad (6.2.6)$$

其中,

$$\begin{aligned} \mathrm{cov}(s_m,s_n) &= E\{[s_m - E(s_m)][s_n - E(s_n)]^*\} \\ &= E(s_m s_n^*) \\ &= E[(s_{cm}+\mathrm{j}s_{sm})(s_{cn}-\mathrm{j}s_{sn})] \\ &= E(s_{cm}s_{cn}) + E(s_{sm}s_{sn}) + \mathrm{j}[E(s_{sm}s_{cn}) - E(s_{cm}s_{sn})] \quad (6.2.7) \end{aligned}$$

将式(6.2.4)和式(6.2.7)代入式(6.2.6),得

$$\gamma_{m,n} = \frac{\mathrm{cov}(s_{cm},s_{cn})}{\sigma_{cm}^2} + \mathrm{j}\,\frac{\mathrm{cov}(s_{sm},s_{cn})}{\sigma_{cm}^2} \quad (6.2.8)$$

代入式(6.2.3),得

$$\boldsymbol{C}_s = \sigma_{cm}^2 \begin{bmatrix} 1 & \mathrm{Re}(\gamma_{m,n}) & 0 & -\mathrm{Im}(\gamma_{m,n}) \\ \mathrm{Re}(\gamma_{m,n}) & 1 & \mathrm{Im}(\gamma_{m,n}) & 0 \\ 0 & \mathrm{Im}(\gamma_{m,n}) & 1 & \mathrm{Re}(\gamma_{m,n}) \\ -\mathrm{Im}(\gamma_{m,n}) & 0 & \mathrm{Re}(\gamma_{m,n}) & 1 \end{bmatrix} \quad (6.2.9a)$$

进一步可求得

$$|\boldsymbol{C}_s| = \sigma_{cm}^8 (1-\rho_{m,n}^2)^2 \quad (6.2.9b)$$

$$\boldsymbol{C}_s^{-1} = \frac{1}{\sigma_{cm}^2 (1-\rho_{m,n}^2)} \begin{bmatrix} 1 & 0 & -\mathrm{Re}(\gamma_{m,n}) & \mathrm{Im}(\gamma_{m,n}) \\ 0 & 1 & -\mathrm{Im}(\gamma_{m,n}) & -\mathrm{Re}(\gamma_{m,n}) \\ -\mathrm{Re}(\gamma_{m,n}) & -\mathrm{Im}(\gamma_{m,n}) & 1 & 0 \\ \mathrm{Im}(\gamma_{m,n}) & -\mathrm{Re}(\gamma_{m,n}) & 0 & 1 \end{bmatrix}$$

$$(6.2.9c)$$

其中,$\rho_{m,n}=|\gamma_{m,n}|$,$\mathrm{Re}(\cdot)$ 和 $\mathrm{Im}(\cdot)$ 分别表示取括号内数字的实部和虚部。

为了计算 $\Phi_{m,n}$ 的概率密度函数,首先,计算两幅图像的幅度 A_m、A_n 和相位 Φ_m、

Φ_n 的联合概率密度函数。给出函数关系式为

$$
\left.\begin{aligned}
a_m &= \sqrt{s_{cm}^2 + s_{sm}^2} \\
a_n &= \sqrt{s_{cn}^2 + s_{sn}^2} \\
\phi_m &= \arctan\left(\frac{s_{sm}}{s_{cm}}\right) \\
\phi_n &= \arctan\left(\frac{s_{sn}}{s_{cn}}\right)
\end{aligned}\right\} \tag{6.2.10a}
$$

反函数为

$$
\left.\begin{aligned}
s_{cm} &= a_m \cos\phi_m \\
s_{cn} &= a_n \cos\phi_n \\
s_{sm} &= a_m \sin\phi_m \\
s_{sn} &= a_n \sin\phi_n
\end{aligned}\right\} \tag{6.2.10b}
$$

变换的雅克比行列式为

$$
J = \begin{vmatrix}
\dfrac{\partial s_{cm}}{\partial a_m} & \dfrac{\partial s_{cm}}{\partial a_n} & \dfrac{\partial s_{cm}}{\partial \phi_m} & \dfrac{\partial s_{cm}}{\partial \phi_n} \\
\dfrac{\partial s_{cn}}{\partial a_m} & \dfrac{\partial s_{cn}}{\partial a_n} & \dfrac{\partial s_{cn}}{\partial \phi_m} & \dfrac{\partial s_{cn}}{\partial \phi_n} \\
\dfrac{\partial s_{sm}}{\partial a_m} & \dfrac{\partial s_{sm}}{\partial a_n} & \dfrac{\partial s_{sm}}{\partial \phi_m} & \dfrac{\partial s_{sm}}{\partial \phi_n} \\
\dfrac{\partial s_{sn}}{\partial a_m} & \dfrac{\partial s_{sn}}{\partial a_n} & \dfrac{\partial s_{sn}}{\partial \phi_m} & \dfrac{\partial s_{sn}}{\partial \phi_n}
\end{vmatrix}
$$

$$
= \begin{vmatrix}
\cos\phi_m & 0 & -a_m\sin\phi_m & 0 \\
0 & \cos\phi_n & 0 & -a_n\sin\phi_n \\
\sin\phi_m & 0 & a_m\cos\phi_m & 0 \\
0 & \sin\phi_n & 0 & a_n\cos\phi_n
\end{vmatrix}
$$

$$
= a_m a_n \tag{6.2.10c}
$$

从而可以得到 $[A_m, A_n, \Phi_m, \Phi_n]$ 的联合概率密度函数为

$$
f_s(a_m, a_n, \phi_m, \phi_n) = \frac{a_m a_n}{(2\pi)^2 |\boldsymbol{C}_s|^{1/2}} \exp\left(-\frac{1}{2}\begin{bmatrix} a_m\cos\phi_m \\ a_n\cos\phi_n \\ a_m\sin\phi_m \\ a_n\sin\phi_n \end{bmatrix}^{\mathrm{T}} \boldsymbol{C}_s^{-1} \begin{bmatrix} a_m\cos\phi_m \\ a_n\cos\phi_n \\ a_m\sin\phi_m \\ a_n\sin\phi_n \end{bmatrix}\right),
$$

$$
a_m, a_n \geqslant 0, \quad \phi_m, \phi_n \in [-\pi, \pi] \tag{6.2.11}
$$

然后,计算两幅图像的幅度 A_m、A_n 和相位 Φ_m,以及干涉相位 $\Phi_{m,n}$ 的联合概率密度函数。函数式为

$$
\left.\begin{aligned}
a_m &= a_m \\
a_n &= a_n \\
\phi_m &= \phi_m \\
\phi_{m,n} &= \phi_m - \phi_n
\end{aligned}\right\}
\tag{6.2.12a}
$$

反函数为

$$
\left.\begin{aligned}
a_m &= a_m \\
a_n &= a_n \\
\phi_m &= \phi_m \\
\phi_n &= \phi_m - \phi_{m,n}
\end{aligned}\right\}
\tag{6.2.12b}
$$

变换的雅克比行列式为

$$
J = \begin{vmatrix} 1 & 0 & 0 & 0 \\ 0 & 1 & 0 & 0 \\ 0 & 0 & 1 & 0 \\ 0 & 0 & 1 & -1 \end{vmatrix} = -1
\tag{6.2.12c}
$$

可以得到 $[A_m, A_n, \Phi_m, \Phi_{m,n}]$ 的联合概率密度函数为

$$
f_s(a_m, a_n, \phi_m, \phi_{m,n})
$$

$$
= \frac{a_m a_n}{(2\pi)^2 |\boldsymbol{C}_s|^{1/2}} \exp\left\{ -\frac{1}{2} \begin{bmatrix} a_m \cos\phi_m \\ a_n \cos(\phi_m - \phi_{m,n}) \\ a_m \sin\phi_m \\ a_n \sin(\phi_m - \phi_{m,n}) \end{bmatrix}^{\mathrm{T}} \boldsymbol{C}_s^{-1} \begin{bmatrix} a_m \cos\phi_m \\ a_n \cos(\phi_m - \phi_{m,n}) \\ a_m \sin\phi_m \\ a_n \sin(\phi_m - \phi_{m,n}) \end{bmatrix} \right\},
$$

$$
a_m, a_n \geqslant 0, \quad \phi_m, \phi_{m,n} \in [-\pi, \pi]
\tag{6.2.13}
$$

最后，$[A_m, A_n, \Phi_m, \Phi_{m,n}]$ 的联合概率密度函数对 a_m、a_n、ϕ_m 求积分，将式(6.2.9)代入，可以得到 $\Phi_{m,n}$ 的边沿概率密度函数，即

$$
f_{\Phi_{m,n}}(\phi_{m,n}) = \int_{-\pi}^{\pi} \int_0^\infty \int_0^\infty f_s(a_m, a_n, \phi_m, \phi_{m,n}) \mathrm{d}a_m \mathrm{d}a_n \mathrm{d}\phi_m
$$

$$
= \frac{1 - \rho_{m,n}^2}{2\pi} \cdot \frac{1}{1 - \rho_{m,n}^2 \cos^2(\phi_{m,n} - \phi_0)} \cdot
$$

$$
\left\{ 1 + \frac{\rho_{m,n} \cos(\phi_{m,n} - \phi_0) \arccos[-\rho_{m,n} \cos(\phi_{m,n} - \phi_0)]}{\sqrt{1 - \rho_{m,n}^2 \cos^2(\phi_{m,n} - \phi_0)}} \right\},
$$

$$
|\phi_{m,n} - \phi_0| \leqslant \pi
\tag{6.2.14}
$$

其中，$\phi_0 = \arg(\gamma_{m,n})$。可以求得其均值为

$$
m_{\Phi_{m,n}} = E[\Phi_{m,n}] = \phi_0
\tag{6.2.15}
$$

方差为

$$
\sigma_{\Phi_{m,n}}^2 = E\left[(\Phi_{m,n} - m_{\Phi_{m,n}})^2 \right]
$$

$$
= \frac{\pi^2}{3} - \pi \arcsin(\rho_{m,n}) + \arcsin^2(\rho_{m,n}) - \frac{\mathrm{Li}_2(\rho_{m,n}^2)}{2}
\tag{6.2.16}
$$

其中，$\mathrm{Li}_2(x) = -\int_0^x \dfrac{\ln(1-y)}{y}\mathrm{d}y$ 为一种多重对数。

　　图 6.1 给出了不同相关系数情况下，干涉相位的概率密度函数曲线。可以看出，随着相关系数的增大，概率密度函数更加聚集在均值上。干涉相位的均值仅由复相关系数的相位来决定，而方差则与相关系数的大小有关。图 6.2 给出了干涉相位方差随着相关系数的变化曲线，可以看出标准差随着相关系数的增大而减小。

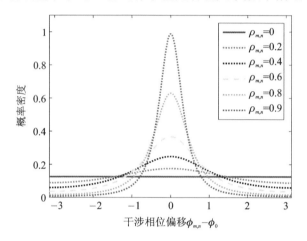

图 6.1　干涉相位概率密度函数

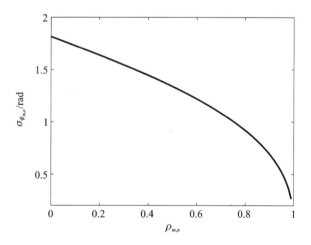

图 6.2　干涉相位标准差随相关系数的变化曲线

　　利用欧洲太空局（简称欧空局）ERS1/2 卫星在中国台湾岛某地区获得的两幅 SAR 单视复图像，其强度图如图 6.3（a）所示，对其进行干涉处理，得到如图 6.3（b）所示的去平地效应后的干涉相位图。对图 6.3（b）所示的图像进行直方图统计，结果如图 6.4 中的菱形离散点所示。图 6.4 中的实线为根据式（6.2.14）计算得到的干涉相位概率密度函数曲线。

(a) SAR强度图像

(b) 去平地后的干涉相位图

图 6.3　ERS1/2 在中国台湾岛某地区获得的 SAR 强度图像和去平地后的干涉相位图

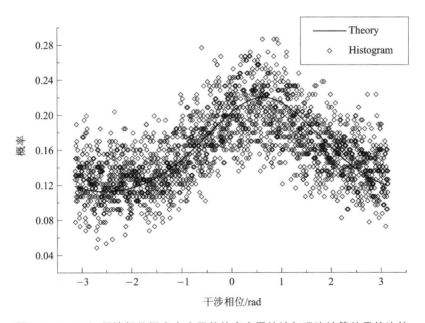

图 6.4　ERS1/2 干涉相位概率密度函数的直方图统计与理论计算结果的比较

可以看出,理论计算结果与实际干涉相位图的直方图统计结果非常吻合。在实际推导式(6.2.14)的过程中,仅应用了 SAR 回波高斯分布的假设,并没有应用均匀场景谱对称的特点。一般地,不存在强散射体的地面场景,都可以假设 SAR 回波和 SAR 复图像服从高斯分布。因此,式(6.2.14)适用于分辨单元内不存在强散射体的 SAR 图像干涉相位。

2. 多幅图像干涉相位统计特性分析

计算 N 幅 SAR 图像 $[s_1,s_2,\cdots,s_N]$ 的干涉复图像矩阵,得

$$s_{\mathrm{In}}=[s_1,s_2,\cdots,s_N]^{\mathrm{T}}[s_1,s_2,\cdots,s_N]^*$$

$$=\begin{bmatrix} s_1s_1^* & s_1s_2^* & \cdots & s_1s_N^* \\ s_2s_1^* & s_2s_2^* & \cdots & s_2s_N^* \\ \vdots & \vdots & & \vdots \\ s_Ns_1^* & s_Ns_1^* & \cdots & s_Ns_N^* \end{bmatrix}$$

$$=\begin{bmatrix} s_{1,1} & s_{1,2} & \cdots & s_{1,N} \\ s_{1,2}^* & s_{2,2} & \cdots & s_{2,N} \\ \vdots & \vdots & & \vdots \\ s_{1,N}^* & s_{2,N}^* & \cdots & s_{N,N} \end{bmatrix} \tag{6.2.17}$$

得到 $N(N-1)/2$ 幅干涉复图像和干涉相位图。

首先给出多幅 SAR 复图像实部和虚部的联合概率密度函数为

$$f_s(s_{c1},\cdots,s_{cN};s_{s1},\cdots,s_{sN})=\frac{1}{(2\pi)^N|\boldsymbol{C}_s|^{1/2}}\exp\left(-\frac{1}{2}\boldsymbol{s}^{\mathrm{T}}\boldsymbol{C}_s^{-1}\boldsymbol{s}\right) \tag{6.2.18}$$

其中 $\boldsymbol{s}=[s_{c1},\cdots,s_{cN};s_{s1},\cdots,s_{sN}]^{\mathrm{T}}$,协方差矩阵为

$$\boldsymbol{C}_s=\sigma_{c1}^2\begin{bmatrix} 1 & \mathrm{Re}(\gamma_{1,2}) & \cdots & \mathrm{Re}(\gamma_{1,N}) & 0 & -\mathrm{Im}(\gamma_{1,2}) & \cdots & -\mathrm{Im}(\gamma_{1,N}) \\ \mathrm{Re}(\gamma_{1,2}) & 1 & \cdots & \mathrm{Re}(\gamma_{2,N}) & \mathrm{Im}(\gamma_{1,2}) & 0 & \cdots & -\mathrm{Im}(\gamma_{2,N}) \\ \vdots & \vdots & & \vdots & \vdots & \vdots & & \vdots \\ \mathrm{Re}(\gamma_{1,N}) & \mathrm{Re}(\gamma_{2,N}) & \cdots & 1 & \mathrm{Im}(\gamma_{1,N}) & \mathrm{Im}(\gamma_{2,N}) & \cdots & 0 \\ 0 & \mathrm{Im}(\gamma_{1,2}) & \cdots & \mathrm{Im}(\gamma_{1,N}) & 1 & \mathrm{Re}(\gamma_{1,2}) & \cdots & \mathrm{Re}(\gamma_{1,N}) \\ -\mathrm{Im}(\gamma_{1,2}) & 0 & \cdots & \mathrm{Im}(\gamma_{2,N}) & \mathrm{Re}(\gamma_{1,2}) & 1 & \cdots & \mathrm{Re}(\gamma_{2,N}) \\ \vdots & \vdots & & \vdots & \vdots & \vdots & & \vdots \\ -\mathrm{Im}(\gamma_{1,N}) & -\mathrm{Im}(\gamma_{2,N}) & \cdots & 0 & \mathrm{Re}(\gamma_{1,N}) & \mathrm{Re}(\gamma_{2,N}) & \cdots & 1 \end{bmatrix}$$

$$\tag{6.2.19}$$

令

$$\boldsymbol{C}_{\mathrm{R}}=\sigma_{c1}^2\begin{bmatrix} 1 & \mathrm{Re}(\gamma_{1,2}) & \cdots & \mathrm{Re}(\gamma_{1,N}) \\ \mathrm{Re}(\gamma_{1,2}) & 1 & \cdots & \mathrm{Re}(\gamma_{2,N}) \\ \vdots & \vdots & & \vdots \\ \mathrm{Re}(\gamma_{1,N}) & \mathrm{Re}(\gamma_{2,N}) & \cdots & 1 \end{bmatrix} \tag{6.2.20a}$$

$$\boldsymbol{C}_{\mathrm{I}}=\sigma_{c1}^2\begin{bmatrix} 0 & -\mathrm{Im}(\gamma_{1,2}) & \cdots & -\mathrm{Im}(\gamma_{1,N}) \\ \mathrm{Im}(\gamma_{1,2}) & 0 & \cdots & -\mathrm{Im}(\gamma_{2,N}) \\ \vdots & \vdots & & \vdots \\ \mathrm{Im}(\gamma_{1,N}) & \mathrm{Im}(\gamma_{2,N}) & \cdots & 0 \end{bmatrix} \tag{6.2.20b}$$

则有

$$\boldsymbol{C}_s = \begin{bmatrix} \boldsymbol{C}_R & \boldsymbol{C}_I \\ -\boldsymbol{C}_I & \boldsymbol{C}_R \end{bmatrix} \tag{6.2.20c}$$

$$|\boldsymbol{C}_s| = \begin{vmatrix} \boldsymbol{C}_R & \boldsymbol{C}_I \\ -\boldsymbol{C}_I & \boldsymbol{C}_R \end{vmatrix} = \begin{vmatrix} \boldsymbol{C}_R + j\boldsymbol{C}_I & \boldsymbol{C}_I \\ j\boldsymbol{C}_R - \boldsymbol{C}_I & \boldsymbol{C}_R \end{vmatrix} = \begin{vmatrix} \boldsymbol{C}_R + j\boldsymbol{C}_I & \boldsymbol{C}_I \\ 0 & \boldsymbol{C}_R - j\boldsymbol{C}_I \end{vmatrix}$$

$$= |(\boldsymbol{C}_R + j\boldsymbol{C}_I)(\boldsymbol{C}_R - j\boldsymbol{C}_I)| = (\sigma_{c1}^2)^{2N} |\boldsymbol{\gamma}|^2 \tag{6.2.20d}$$

$$\boldsymbol{C}_s^{-1} = \begin{bmatrix} \boldsymbol{X}^{-1} & -\boldsymbol{C}_R^{-1}\boldsymbol{C}_I\boldsymbol{X}^{-1} \\ \boldsymbol{C}_R^{-1}\boldsymbol{C}_I\boldsymbol{X}^{-1} & \boldsymbol{X}^{-1} \end{bmatrix} \tag{6.2.20e}$$

其中，$\boldsymbol{X} = \boldsymbol{C}_R + \boldsymbol{C}_I\boldsymbol{C}_R^{-1}\boldsymbol{C}_I$。

有时候，为了表示得简单，也采用复数形式表示式(6.2.18)所示的概率密度函数。令 $\tilde{\boldsymbol{s}} = [s_1, s_2, \cdots, s_N]^T$，$s_i = s_{ci} + js_{si}$，$i = 1, 2, \cdots, N$；$\boldsymbol{s}_c = [s_{c1}, s_{c2}, \cdots, s_{cN}]^T$，$\boldsymbol{s}_s = [s_{s1}, s_{s2}, \cdots, s_{sN}]^T$，则有

$$\boldsymbol{C}_{\tilde{s}} = \begin{bmatrix} \mathrm{cov}(s_1, s_1) & \cdots & \mathrm{cov}(s_1, s_N) \\ \vdots & & \vdots \\ \mathrm{cov}(s_N, s_1) & \cdots & \mathrm{cov}(s_N, s_N) \end{bmatrix} = 2(\boldsymbol{C}_R - j\boldsymbol{C}_I) \tag{6.2.21a}$$

$$|\boldsymbol{C}_{\tilde{s}}| = (2\sigma_{c1}^2)^N |\boldsymbol{\gamma}| = \frac{1}{2^N} |\boldsymbol{C}_s|^{1/2}, \quad \boldsymbol{C}_{\tilde{s}}^{-1} = \frac{1}{2}(\boldsymbol{X}^{-1} + j\boldsymbol{C}_R^{-1}\boldsymbol{C}_I\boldsymbol{X}^{-1})$$

$$\tag{6.2.21b}$$

$$\tilde{\boldsymbol{s}}^H \boldsymbol{C}_{\tilde{s}}^{-1} \tilde{\boldsymbol{s}} = \frac{1}{2}(\boldsymbol{s}_c - j\boldsymbol{s}_s)^T (\boldsymbol{X}^{-1} + j\boldsymbol{C}_R^{-1}\boldsymbol{C}_I\boldsymbol{X}^{-1})(\boldsymbol{s}_c + j\boldsymbol{s}_s)$$

$$= \frac{1}{2}(\boldsymbol{s}_c^T\boldsymbol{X}^{-1}\boldsymbol{s}_c + \boldsymbol{s}_s^T\boldsymbol{X}^{-1}\boldsymbol{s}_s - \boldsymbol{s}_c^T\boldsymbol{C}_R^{-1}\boldsymbol{C}_I\boldsymbol{X}^{-1}\boldsymbol{s}_s + \boldsymbol{s}_s^T\boldsymbol{C}_R^{-1}\boldsymbol{C}_I\boldsymbol{X}^{-1}\boldsymbol{s}_c)$$

$$= \frac{1}{2}\boldsymbol{s}^T\boldsymbol{C}_s^{-1}\boldsymbol{s} \tag{6.2.21c}$$

应用式(6.2.21)，则式(6.2.18)的复数表示形式为

$$f_s(s_1, s_2, \cdots, s_N) = \frac{1}{\pi^N |\boldsymbol{C}_{\tilde{s}}|} \exp(-\tilde{\boldsymbol{s}}^H \boldsymbol{C}_{\tilde{s}}^{-1} \tilde{\boldsymbol{s}}) \tag{6.2.22}$$

其中，$(\cdot)^H$ 表示共轭转置。

然后，计算多幅 SAR 复图像幅度和相位的联合概率密度函数，利用式(6.2.20)和 $J = a_1 a_2 \cdots a_N$，有

$$f_s(a_1, \cdots, a_N, \phi_1, \cdots, \phi_N) = \frac{a_1 a_2 \cdots a_N}{\pi^N |\boldsymbol{C}_{\tilde{s}}|} \exp\left(-\frac{1}{2}\boldsymbol{s}_{a\phi}^T \begin{bmatrix} \boldsymbol{X}^{-1} & -\boldsymbol{C}_R^{-1}\boldsymbol{C}_I\boldsymbol{X}^{-1} \\ \boldsymbol{C}_R^{-1}\boldsymbol{C}_I\boldsymbol{X}^{-1} & \boldsymbol{X}^{-1} \end{bmatrix} \boldsymbol{s}_{a\phi}\right),$$

$$a_1, \cdots, a_N \geqslant 0, \quad \phi_1, \cdots, \phi_N \in [-\pi, \pi] \tag{6.2.23}$$

其中，$\boldsymbol{s}_{a\phi} = [a_1\cos\phi_1, \cdots, a_N\cos\phi_N; a_1\sin\phi_1, \cdots, a_N\sin\phi_N]^T$。

在 $N(N-1)/2$ 个干涉相位中，其他的都可以由 $\Phi_{1,i} = \Phi_1 - \Phi_i (i = 2, \cdots, N)$ 完全表征，因此可以只计算 $\Phi_{1,i} (i = 2, \cdots, N)$ 和 Φ_1 的联合概率密度函数。变量代换的

雅克比行列式为 $J=1$,所以有

$$f_s(a_1,\cdots,a_N,\phi_1,\cdots,\phi_{N,1}) = \frac{a_1 a_2 \cdots a_N}{\pi^N |C_{\tilde{s}}|} \exp\left(-\frac{1}{2} s_{a\Delta\phi}^{\mathrm{T}} \begin{bmatrix} X^{-1} & -C_R^{-1}C_1 X^{-1} \\ C_R^{-1}C_1 X^{-1} & X^{-1} \end{bmatrix} s_{a\Delta\phi}\right),$$

$$a_1,\cdots,a_N \geqslant 0, \quad \phi_1,\phi_{2,1},\cdots,\phi_{N,1} \in [-\pi,\pi] \qquad (6.2.24)$$

其中,$s_{a\Delta\phi} = [a_1\cos\phi_1,\cdots,a_N\cos(\phi_{N,1}+\phi_1); a_1\sin\phi_1,\cdots,a_N\sin(\phi_{N,1}+\phi_1)]^{\mathrm{T}}$。

式(6.2.24)对 $a_1,\cdots,a_N$ 和 ϕ_1 积分,就得到了干涉相位 $[\Phi_{2,1},\cdots,\Phi_{N,1}]$ 的联合概率密度函数。

另外,先计算干涉复图像的联合概率密度函数,然后变换得到干涉幅度和干涉相位联合概率密度函数,再对幅度求积分,也可以得到干涉相位的联合概率密度函数。

干涉复图像 s_{In} 的联合概率密度函数可以用复数形式的奇异 Wishart 分布表示为

$$f_{s_{\mathrm{In}}}(s_{1,1},\cdots,s_{N,N};s_{1,2r},s_{1,2i},\cdots,s_{N-1,Nr},s_{N-1,Ni})$$

$$= \frac{1}{\pi^{N-1}|C_{\tilde{s}}||L_{\mathrm{In}}|^{N-1}} \exp\left[-\mathrm{tr}(C_{\tilde{s}}^{-1}s_{\mathrm{In}})\right] \qquad (6.2.25)$$

上式中 L_{In} 表示由 s_{In} 的非零特征值构成的对角方阵,令

$$s_{\mathrm{In}} = \begin{bmatrix} a_{1,1} & a_{1,2}\mathrm{e}^{\mathrm{j}\phi_{1,2}} & \cdots & a_{1,N}\mathrm{e}^{\mathrm{j}\phi_{1,N}} \\ a_{1,2}\mathrm{e}^{-\mathrm{j}\phi_{1,2}} & a_{2,2} & \cdots & a_{2,N}\mathrm{e}^{\mathrm{j}\phi_{2,N}} \\ \vdots & \vdots & & \vdots \\ a_{1,N}\mathrm{e}^{-\mathrm{j}\phi_{1,N}} & a_{2,N}\mathrm{e}^{-\mathrm{j}\phi_{2,N}} & \cdots & a_{N,N} \end{bmatrix}$$

则

$$f_{s_{\mathrm{In}}}(a_{1,1},\cdots,a_{N,N};a_{1,2},\phi_{1,2},\cdots,a_{N-1,N},\phi_{N-1,N})$$

$$= \frac{a_{1,2}\cdots a_{N-1,N}}{\pi^{N-1}|C_{\tilde{s}}||L_{\mathrm{In}}|^{N-1}} \exp\left[-\mathrm{tr}(C_{\tilde{s}}^{-1}s_{\mathrm{In}})\right] \qquad (6.2.26)$$

得到干涉复图像幅度和相位的联合概率密度函数,然后对幅度 $a_{1,1},\cdots,a_{N,N};a_{1,2},\cdots,a_{N-1,N}$ 求积分,可以得到干涉相位 $\phi_{1,2},\cdots,\phi_{1,N},\phi_{2,3},\cdots,\phi_{2,N},\cdots,\phi_{N-1,N}$ 的联合概率密度函数。

当 $N=2$ 时,式(6.2.26)可以化简为式(6.2.14)。下面给出 $N=3$ 时,干涉相位的联合概率密度函数。令

$$C_{\tilde{s}} = \sigma_c^2 \begin{bmatrix} 1 & \rho_{1,2}\mathrm{e}^{\mathrm{j}\theta_{1,2}} & \cdots & \rho_{1,N}\mathrm{e}^{\mathrm{j}\theta_{1,N}} \\ \rho_{1,2}\mathrm{e}^{-\mathrm{j}\theta_{1,2}} & 1 & \cdots & \rho_{2,N}\mathrm{e}^{\mathrm{j}\theta_{2,N}} \\ \vdots & \vdots & & \vdots \\ \rho_{1,N}\mathrm{e}^{-\mathrm{j}\theta_{1,N}} & \rho_{2,N}\mathrm{e}^{-\mathrm{j}\theta_{2,N}} & \cdots & 1 \end{bmatrix}$$

由式(6.2.26)得,当 $N=3$ 时干涉复图像幅度和相位的联合概率密度函数为

$$f_{s_{In}}(a_{1,1},a_{2,2},a_{3,3};a_{1,2},\phi_{1,2},a_{1,3},\phi_{1,3},a_{2,3},\phi_{2,3})=\frac{a_{1,2}a_{1,3}a_{2,3}}{\pi^2|\boldsymbol{C}_{\tilde{s}}||\boldsymbol{L}_{In}|^2}\exp[-\operatorname{tr}(\boldsymbol{C}_{\tilde{s}}^{-1}\boldsymbol{s}_{In})]$$

$$(6.2.27)$$

在单视情况下，$\boldsymbol{s}_{In}$ 的秩为 1，则 $|\boldsymbol{L}_{In}|=a_{1,1}+a_{2,2}+a_{3,3}$。对式(6.2.27)中的 $\phi_{2,3}$，$a_{1,2}$，$a_{1,3}$，$a_{2,3}$ 分别积分，再对 $a_{1,1}$，$a_{2,2}$，$a_{3,3}$ 求积得

$$f_{s_{In}}(\phi_{1,2},\phi_{1,3})=\int_0^\infty\int_0^\infty\int_0^\infty\frac{a_{1,1}a_{2,2}a_{3,3}}{\pi^2|\boldsymbol{C}_{\tilde{s}}||\boldsymbol{L}_{In}|^2}\exp(-A)\mathrm{d}a_{1,1}\mathrm{d}a_{2,2}\mathrm{d}a_{3,3}$$

$$(6.2.28)$$

其中，

$$\begin{aligned}A=&\frac{\sigma_c^4}{|\boldsymbol{C}_{\tilde{s}}|}\Big[(1-\rho_{23}^2)a_{1,1}+(1-\rho_{13}^2)a_{2,2}+(1-\rho_{12}^2)a_{3,3}+\\&2\sqrt{a_{1,1}a_{2,2}}\rho_{1,3}\rho_{2,3}\cos(\theta_{1,3}-\theta_{2,3}-\phi_{1,2})-2\sqrt{a_{1,1}a_{2,2}}\rho_{1,2}\cos(\theta_{1,2}-\phi_{1,2})+\\&2\sqrt{a_{1,1}a_{3,3}}\rho_{1,2}\rho_{2,3}\cos(\theta_{1,2}+\theta_{2,3}-\phi_{1,3})-2\sqrt{a_{1,1}a_{3,3}}\rho_{1,2}\cos(\theta_{1,3}-\phi_{1,3})+\\&2\sqrt{a_{2,2}a_{3,3}}\rho_{1,2}\rho_{1,3}\cos(\theta_{1,3}-\theta_{1,2}-\phi_{1,3}+\phi_{1,2})-\\&2\sqrt{a_{2,2}a_{3,3}}\rho_{2,3}\cos(\theta_{2,3}-\phi_{1,3}+\phi_{1,2})\Big]\end{aligned}$$

$$(6.2.29)$$

图 6.5 给出了 3 幅图像干涉相位联合概率密度函数的曲面图，其中图 6.5(a)所示是假设干涉相位之间相互独立的联合概率密度函数，图 6.5(b)所示是式(6.2.28)给出的本书推导得到的非独立情况下干涉相位联合概率密度函数曲面。这两幅图是在相同参数情况下画出的，可以看出：独立假设下的联合概率密度曲面图是水平、垂直都对称的，而非独立条件下的联合概率密度曲面图是水平、垂直非对称的，说明了干涉相位之间是相关的。

为了说明式(6.2.28)更符合实际情况，下面给出真实 SAR 图像干涉相位的直方图统计结果。某机载 SAR 系统获取的三幅 SAR 复图像，其中第一幅图像的强度图如图 6.6(a)所示。对第一幅图和第二幅图进行干涉处理，去平地后的结果如图 6.6(b)所示；对第一幅图与第三幅图进行干涉处理，去平地后的结果如图 6.6(c)所示。对图 6.6(b)和图 6.6(c)进行二维直方图统计，结果如图 6.7(b)所示，而图 6.7(a)给出了式(6.2.28)计算得到的干涉相位概率密度函数曲面。可以看出，非独立假设下的联合概率密度函数与实际情况更加吻合。

思考题：尝试找出真实生活或者工作中服从联合高斯分布的随机现象，并分析其统计特性。

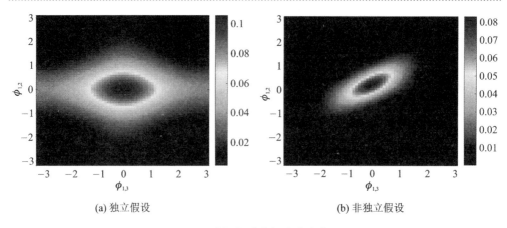

(a) 独立假设　　　　　　　　　　　　　　　　(b) 非独立假设

图 6.5　干涉相位联合概率密度曲面图

(a) SAR 强度图像

(b) 第一幅和第二幅图像的干涉相位　　　　(c) 第一幅和第三幅图像的干涉相位

图 6.6　机载 SAR 系统真实图像及其干涉结果

6.2.2　多视 SAR 干涉相位的统计特性分析

1. SAR 干涉多视平均和 Wishart 分布

为了抑制干涉相位噪声,一种有效的处理方法就是多视平均。与 SAR 图像的多视平均不同,干涉 SAR 的多视平均是干涉复图像上,在当前像素点的邻域内复数求

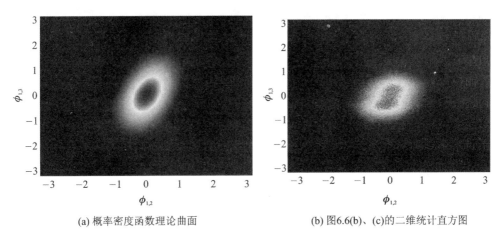

(a) 概率密度函数理论曲面　　　　　　　　(b) 图6.6(b)、(c)的二维统计直方图

图 6.7　干涉相位联合分布直方图

和,即

$$s_{m,n}^{L_r L_x}(t_r,t_x) = \sum_{n_r=-L_r/2}^{L_r/2} \sum_{n_x=-L_x/2}^{L_x/2} s_m(t_r+n_r t_{sr},t_x+n_x t_{sx}) s_n^*(t_r+n_r t_{sr},t_x+n_x t_{sx})$$

$$(6.2.30)$$

式中:L_r、L_x 分别表示距离向和方位向多视平均窗口的尺寸,t_{sr}、t_{sx} 分别表示距离向和方位向的采样间隔。

依然省略(t_r,t_x),并用整数代表像素点位置,则 $K=L_r L_x$ 视平均后的干涉相位为

$$\Phi_{m,n}^K = \arg(s_{m,n}^K) = \arg\left[\sum_{n_r=-L_r/2}^{L_r/2} \sum_{n_x=-L_x/2}^{L_x/2} s_m(n_r,n_x) s_n^*(n_r,n_x)\right] \quad (6.2.31)$$

多视 SAR 图像分布的讨论必须要引入在高斯分布基础上发展起来的 χ^2 分布和 Wishart 分布。对于 K 维高斯随机序列 $\boldsymbol{X}=[X_1,X_2,\cdots,X_K]^T$,如果任意元素 X_k,$k=1,\cdots,K$,相互独立,且均服从均值为 0、方差为 1 的标准高斯分布,记为 $X_k \sim N(0,1)$,则 $Y=\boldsymbol{X}^T \boldsymbol{X}$ 为一随机变量,服从自由度为 K 的 χ^2 分布,记为 χ_K^2。概率密度函数表示为

$$f_Y(y,K) = \frac{y^{\frac{K}{2}-1}\exp(-y/2)}{2^{K/2}\Gamma\left(\dfrac{K}{2}\right)} \quad (6.2.32)$$

其中,$\Gamma(\cdot)$ 为伽马函数,且有 $\Gamma(x)=\displaystyle\int_0^\infty u^{x-1}\mathrm{e}^{-u}\mathrm{d}u$。

χ_K^2 分布的形式随着 K 的不同而不同。图 6.8 给出了不同自由度下的 χ^2 分布,随着 K 的增大,χ^2 分布逼近于高斯分布。

Wishart 分布是 χ^2 分布在多维下的推广。假设 $\boldsymbol{X}$ 为 $K\times N$ 维的高斯随机矩

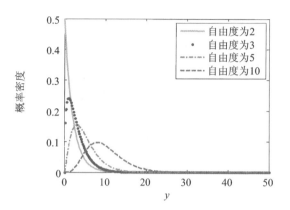

图 6.8　不同自由度下 χ^2 分布的概率密度函数曲线

阵,其中第 k 行为 $\boldsymbol{X}^{(k)}=[X_1^{(k)},X_2^{(k)},\cdots,X_N^{(k)}]$ 是均值为 0、协方差矩阵为 $\boldsymbol{C}$ 的高斯随机序列,且 $\boldsymbol{X}^{(k)},k=1,\cdots,K$,之间独立同分布。令 $\boldsymbol{Y}=\boldsymbol{X}^{\mathrm{T}}\boldsymbol{X}$,则 $\boldsymbol{Y}$ 为 $N\times N$ 的随机矩阵。当 $K\geqslant N$ 时,$\boldsymbol{Y}$ 服从自由度为 K 的 Wishart 分布,记为 $W_N(K,\boldsymbol{C})$,概率密度函数为

$$f_Y(\boldsymbol{y})=\frac{|\boldsymbol{y}|^{(K-N-1)/2}}{2^{NK/2}I_N\left(\dfrac{K}{2}\right)|\boldsymbol{C}|^{K/2}}\exp\left[-\frac{1}{2}\mathrm{tr}(\boldsymbol{C}^{-1}\boldsymbol{y})\right] \tag{6.2.33a}$$

其中,$\boldsymbol{y}$ 为 $\boldsymbol{Y}$ 的样本,且

$$I_N\left(\frac{K}{2}\right)=\pi^{\frac{N(N-1)}{4}}\Gamma\left(\frac{K}{2}\right)\Gamma\left(\frac{K}{2}-\frac{1}{2}\right)\cdots\Gamma\left(\frac{K}{2}-\frac{N-1}{2}\right) \tag{6.2.33b}$$

当 $N=1$,且方差为 1 时,代入式(6.2.33a),可以得到式(6.2.32),即此时 Wishart 分布退化为自由度为 K 的 χ^2 分布。

2. 多视 SAR 干涉相位统计特性分析

根据前面给出的多视平均原理,令 $\tilde{\boldsymbol{s}}^k=[s_1^k,s_2^k,\cdots,s_N^k]^{\mathrm{T}}$,为多视平均窗口内的第 k 个像素对应的 N 幅 SAR 图像,$k=1,\cdots,K$。由 5.2.1 小节分析知道,SAR 图像不同像素点之间可以认为互不相关。根据高斯分布不相关与独立等价的性质,可以给出 N 幅 SAR 图像参与多视平均的 K 个像素点的联合概率密度函数为

$$f_s(s_1^1,s_2^1,\cdots,s_N^1;s_1^2,s_2^2,\cdots,s_N^2;\cdots;s_1^K,s_2^K,\cdots,s_N^K)=\prod_{k=1}^{K}f_s(s_1^k,s_2^k,\cdots,s_N^k)$$

$$\tag{6.2.34}$$

其中,$f_s(s_1^k,s_2^k,\cdots,s_N^k)$ 为第 k 个像素 N 幅 SAR 图像的联合概率密度函数,根据式(6.2.22),有

$$f_s(s_1^k,s_2^k,\cdots,s_N^k)=\frac{1}{\pi^N\left|\boldsymbol{C}_{\tilde{s}_k}\right|}\exp\left(-\tilde{\boldsymbol{s}}_k^{\mathrm{H}}\boldsymbol{C}_{\tilde{s}_k}^{-1}\tilde{\boldsymbol{s}}_k\right) \tag{6.2.35}$$

其中,$\tilde{\boldsymbol{s}}_k=[s_1^k,s_2^k,\cdots,s_N^k]^{\mathrm{T}}$,$s_i^k$ 为第 i 幅 SAR 复图像在多视平均窗口内第 k 个像素

点的取值,$k=1,\cdots,K$;$i=1,\cdots,N$。

考虑均匀场景,近似有

$$f_s(s_1^1,s_2^1,\cdots,s_N^1)=f_s(s_1^K,s_2^K,\cdots,s_N^K)=f_s(s_1,s_2,\cdots,s_N) \qquad (6.2.36)$$

所以

$$f_s(s_1^1,s_2^1,\cdots,s_N^1;s_1^2,s_2^2,\cdots,s_N^2;\cdots;s_1^K,s_2^K,\cdots,s_N^K)=\frac{1}{\pi^{KN}\left|\boldsymbol{C}_{\widetilde{s}}\right|^K}\exp\left(-\sum_{k=1}^K\widetilde{\boldsymbol{s}}_k^H\boldsymbol{C}_{\widetilde{s}}^{-1}\widetilde{\boldsymbol{s}}_k\right) \qquad (6.2.37)$$

若令多视平均后的干涉图像阵为

$$\boldsymbol{s}_{\mathrm{In}}=\begin{bmatrix}s_{1,1}^K & s_{1,2}^K & \cdots & s_{1,N}^K\\ s_{1,2}^{*K} & s_{2,2}^K & \cdots & s_{2,N}^K\\ \vdots & \vdots & & \vdots\\ s_{1,N}^{*K} & s_{2,N}^{*K} & \cdots & s_{N,N}^K\end{bmatrix}=\begin{bmatrix}\sum_1^K s_1^k s_1^{*k} & \sum_1^K s_1^k s_2^{*k} & \cdots & \sum_1^K s_1^k s_N^{*k}\\ \sum_1^K s_2^k s_1^{*k} & \sum_1^K s_2^k s_2^{*k} & \cdots & \sum_1^K s_2^k s_N^{*k}\\ \vdots & \vdots & & \vdots\\ \sum_1^K s_N^k s_1^{*k} & \sum_1^K s_N^k s_2^{*k} & \cdots & \sum_1^K s_N^k s_N^{*k}\end{bmatrix} \qquad (6.2.38)$$

显然,当 $K \geqslant N$ 时,$[s_{1,1}^K,\cdots,s_{N,N}^K;s_{1,2}^K,\cdots,s_{N-1,N}^K]$ 服从自由度为 K 的复数 Wishart 分布,其概率密度函数为

$$f_{s_{\mathrm{In}}}(s_{1,1}^K,\cdots,s_{N,N}^K;s_{1,2}^K,\cdots,s_{N-1,N}^K)=\frac{\left|\boldsymbol{s}_{\mathrm{In}}\right|^{K-N}}{I_N(K)\left|\boldsymbol{C}_{\widetilde{s}}\right|^K}\exp\left[-\mathrm{tr}(\boldsymbol{C}_{\widetilde{s}}^{-1}\boldsymbol{s}_{\mathrm{In}})\right] \qquad (6.2.39)$$

其中,$\mathrm{tr}(\cdot)$ 表示取矩阵的迹,$I(K)$ 为

$$I_N(K)=\pi^{\frac{N(N-1)}{2}}\Gamma(K)\Gamma(K-1)\cdots\Gamma(K-N+1) \qquad (6.2.40)$$

当 $0<K<N$ 时,服从奇异 Wishart 分布,概率密度函数为

$$f_{s_{\mathrm{In}}}(s_{1,1}^K,\cdots,s_{N,N}^K;s_{1,2}^K,\cdots,s_{N-1,N}^K)=\frac{\pi^{-K(K-N)/2}\left|\boldsymbol{s}_{\mathrm{In}}\right|^{K-N}}{I_K(K)\left|\boldsymbol{C}_{\widetilde{s}}\right|^K}\exp\left[-\mathrm{tr}(\boldsymbol{C}_{\widetilde{s}}^{-1}\boldsymbol{s}_{\mathrm{In}})\right] \qquad (6.2.41)$$

其中,

$$I_K(K)=\pi^{\frac{K(K-1)}{2}}\Gamma(K)\Gamma(K-1)\cdots\Gamma(1) \qquad (6.2.42)$$

利用式(6.2.39)或式(6.2.41),将其表示为干涉图像幅度和相位的联合概率密度函数,然后对所有幅度求积分,能够得到多视平均后干涉相位的联合概率密度函数。

当 $N=2$ 时,可以推导出 K 视平均后两幅 SAR 图像干涉相位的概率密度函数为

$$f_{\phi_{m,n}^K}(\phi_{m,n}) = \frac{\Gamma(K+1/2)}{2\sqrt{\pi}\,\Gamma(K)} \cdot \frac{(1-\rho_{m,n}^2)^K \rho_{m,n}\cos(\phi_{m,n}-\phi_0)}{(1-\rho_{m,n}^2\cos^2(\phi_{m,n}-\phi_0))^{K+\frac{1}{2}}} +$$

$$\frac{(1-\rho_{m,n}^2)^K}{2\pi} F\left(K,1;\frac{1}{2};\rho_{m,n}^2\cos^2(\phi_{m,n}-\phi_0)\right), \quad |\phi_{m,n}-\phi_0| \leqslant \pi$$

$$(6.2.43)$$

其中，$F(\cdot,\cdot;\cdot;\cdot)$ 是高斯超几何函数，有

$$F(x,y;z;u) = \frac{\Gamma(z)}{\Gamma(x)\Gamma(y)}\sum_{n=0}^{\infty}\frac{\Gamma(x+n)\Gamma(y+n)}{\Gamma(z+n)}\frac{u^n}{n!} \qquad (6.2.44)$$

式(6.2.43)中，令 $K=1$，则简化为式(6.2.14)。

思考题：尝试找出式(6.2.43)在其他领域，例如通信中的应用。

6.3　高斯随机过程用于孤立强散射体 目标干涉相位的统计特性分析

由第 4 章和第 5 章分析知道，强散射体 SAR 图像的实部和虚部服从均值非零的联合高斯分布，可以写出 N 幅 SAR 复图像实部和虚部的联合概率密度函数为

$$f_{\mathrm{str}}(s_{c1},\cdots,s_{cN};s_{s1},\cdots,s_{sN}) = \frac{1}{(2\pi)^N|\boldsymbol{C}_s|^{1/2}}\exp\left[-\frac{1}{2}(\boldsymbol{s}-\boldsymbol{\mu})^{\mathrm{T}}\boldsymbol{C}_s^{-1}(\boldsymbol{s}-\boldsymbol{\mu})\right]$$

$$(6.3.1)$$

其中，$\boldsymbol{C}_s$ 为协方差矩阵，与均匀场景下协方差矩阵相同，具体见式(6.2.19)。

$$\boldsymbol{\mu} = [B_1\cos\theta_1, B_2\cos\theta_2, \cdots B_N\cos\theta_N; B_1\sin\theta_1, B_2\sin\theta_2, \cdots B_N\sin\theta_N]$$

$$(6.3.2)$$

为 $\boldsymbol{s}$ 的均值。其中，B_i、θ_i 为强散射体在第 i 幅 SAR 图像上的幅度和相位，$i = 1,2,\cdots,N$。

可以通过对 $\boldsymbol{s}$ 进行变量代换，写出含强散射体 SAR 图像幅度和干涉相位的联合概率密度函数，然后通过对幅度积分，得到干涉相位的联合概率密度函数。下面以 $N=2$ 为例，给出具体的计算过程。

当 $N=2$ 时，两幅含强散射体的 SAR 图像实部和虚部的联合概率密度函数为

$$f_{\mathrm{str}}(s_{cm},s_{cn},s_{sm},s_{sn}) = \frac{1}{(2\pi)^2|\boldsymbol{C}_s|^{1/2}}\exp\left[-\frac{1}{2}(\boldsymbol{s}-\boldsymbol{\mu})^{\mathrm{T}}\boldsymbol{C}_s^{-1}(\boldsymbol{s}-\boldsymbol{\mu})\right]$$

$$(6.3.3)$$

同样，如果不考虑系统增益的影响，有 $\boldsymbol{C}_s$ 行列式及其逆阵如式(6.2.9)所示。而

$$\boldsymbol{\mu} = [B\cos\theta_m, B\cos\theta_n, B\sin\theta_m, B\sin\theta_n]$$

计算两幅图像的幅度 A_m、A_n 和相位 $\Phi_{m,n}^{\mathrm{str}} = \Phi_m - \Phi_n$，$\Phi_m$ 的联合概率密度函数，

可得

$$f_{\mathrm{str}}(a_m, a_n, \phi_m, \phi_{m,n}^{\mathrm{str}})$$

$$= \frac{a_m a_n}{(2\pi)^2 \sigma_{cm}^4 (1-\rho_{m,n}^2)} \exp\left\{-\frac{1}{2\sigma_{cm}^2(1-\rho_{m,n}^2)}\left[a_n^2 - 2\rho_{m,n}a_m a_n \cos(\phi_{m,n}^{\mathrm{str}} - \phi_0) + \right.\right.$$

$$2a_n B\left[\rho_{m,n}\cos(\phi_m - \phi_{m,n}^{\mathrm{str}} + \phi_0 - \theta_m) - \cos(\phi_m - \phi_{m,n}^{\mathrm{str}} - \theta_n)\right] +$$

$$2a_m B\left[\rho_{m,n}\cos(\phi_m - \phi_{m,n}^{\mathrm{str}} - \theta_n) - \cos(\phi_m - \theta_m)\right] + a_m^2 +$$

$$\left.\left.2B^2\left[1 - \rho_{m,n}\cos(\phi_0 - \theta_0)\right]\right]\right\}, \quad a_m, a_n \geqslant 0, \quad \phi_{m,n}^{\mathrm{str}}, \phi_n \in [-\pi, \pi]$$

$$(6.3.4)$$

其中,$\theta_0 = \theta_m - \theta_n$,为强散射体的干涉相位。具体推导过程可参考 6.2.1 小节的相关内容。

式(6.3.4)对 a_m、a_n 和 ϕ_m 进行积分,可以得到强散射体干涉相位 $\Phi_{m,n}^{\mathrm{str}}$ 的概率密度函数为

$$f_{\Phi_{m,n}^{\mathrm{str}}}(\phi_{m,n}^{\mathrm{str}}) = \int_{-\pi}^{\pi}\int_0^{\infty}\int_0^{\infty} f_{\mathrm{str}}(a_m, a_n, \phi_m, \phi_{m,n}^{\mathrm{str}})\, \mathrm{d}a_m\, \mathrm{d}a_n\, \mathrm{d}\phi_m$$

$$\approx \frac{\sqrt{(1-\rho_{m,n}^2)}\exp\{-K_1[1-\rho_{m,n}\cos(\phi_0-\theta_0)]\}}{2\pi(1-\rho_{m,n}\cos(2\phi_{m,n}^{\mathrm{str}}-\phi_0-\theta_0))} \times$$

$$\left[1 + \sqrt{\pi K_1}\,K_2\,\mathrm{erfc}(-\sqrt{K_1}\,K_2)\exp(K_1 K_2^2)\right], \quad \phi_{m,n}^{\mathrm{str}} \in [-\pi, \pi]$$

$$(6.3.5)$$

其中,$\mathrm{erfc}(x) = \dfrac{2}{\sqrt{\pi}}\displaystyle\int_x^{\infty} \mathrm{e}^{-t^2}\, \mathrm{d}t$ 为误差补偿函数。

$$K_1 = \frac{B^2}{4\sigma_{cm}^2(1-\rho_{m,n}^2)}, \quad K_2 = \frac{\cos(\phi_{m,n}^{\mathrm{str}}-\theta_0) - \rho_{m,n}\cos(\phi_{m,n}^{\mathrm{str}}-\phi_0)}{\sqrt{1-\rho_{m,n}\cos(2\phi_{m,n}^{\mathrm{str}}-\phi_0-\theta_0)}}$$

$$(6.3.6)$$

定义 $\mathrm{SBR} = 10\log\dfrac{B^2}{2\sigma_{cm}^2}$ 为强点目标与背景的信杂比,图 6.9 给出了不同信杂比和不同相关系数下的概率密度函数曲线。

直接根据式(6.3.5),由定义计算强散射点干涉相位的均值和方差比较复杂。下面利用 $\mathrm{SBR} \gg 0$,采用近似的方法进行计算。

令 $s_m' = s_m - B\mathrm{e}^{\mathrm{j}\theta_m}$,$s_n' = s_n - B\mathrm{e}^{\mathrm{j}\theta_n}$,则有 $s_m' = A_m'\mathrm{e}^{\mathrm{j}\Phi_m'} = s_{cm}' + \mathrm{j}s_{sm}'$ 和 $s_n' = A_n'\mathrm{e}^{\mathrm{j}\Phi_n'} = s_{cn}' + \mathrm{j}s_{sn}'$ 服从均值为零的复高斯分布,即 s_{cm}'、s_{sm}'、s_{cn}'、s_{sn}' 都是均值为零的高斯随机变量。因此有干涉相位为

$$\Phi_{m,n}^{\mathrm{str}} = \arg(s_m s_n^*)$$

$$= \arg\left[A_m' A_n'\mathrm{e}^{\mathrm{j}(\Phi_m'-\Phi_n')} + BA_n'\mathrm{e}^{\mathrm{j}(\theta_m-\Phi_n')} + BA_m'\mathrm{e}^{\mathrm{j}(\Phi_m'-\theta_n)} + B^2\mathrm{e}^{\mathrm{j}(\theta_m-\theta_n)}\right]$$

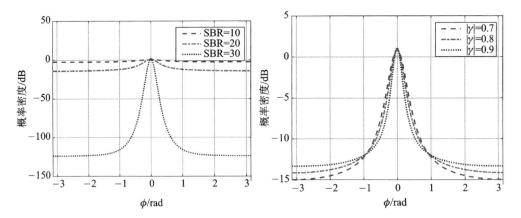

图 6.9　强点目标干涉相位的概率密度函数曲线

$$\approx \arg\left[BA'_n \mathrm{e}^{\mathrm{j}(\theta_m-\Phi'_n)} + BA'_m \mathrm{e}^{\mathrm{j}(\Phi'_m-\theta_n)} + B^2 \mathrm{e}^{\mathrm{j}(\theta_m-\theta_n)} \right]$$

$$= \arg\left[\mathrm{e}^{\mathrm{j}(\theta_m-\theta_n)} \left(A'_n \mathrm{e}^{-\mathrm{j}(\Phi'_n-\theta_n)} + A'_m \mathrm{e}^{\mathrm{j}(\Phi'_m-\theta_m)} + B \right) \right]$$

$$= \arg(X+\mathrm{j}Y) + \theta_0 \tag{6.3.7}$$

其中，

$$X = A'_m \cos(\Phi'_m-\theta_m) + A'_n \cos(\Phi'_n-\theta_n) + B$$

$$Y = A'_m \sin(\Phi'_m-\theta_m) - A'_n \sin(\Phi'_n-\theta_n)$$

令 $\Omega = \arctan\left(\dfrac{Y}{X}\right) = \arg(X+\mathrm{j}Y)$，则有

$$\tan\Omega = \frac{Y}{X} = \frac{A'_m \sin(\Phi'_m-\theta_m) - A'_n \sin(\Phi'_n-\theta_n)}{A'_m \cos(\Phi'_m-\theta_m) + A'_n \cos(\Phi'_n-\theta_n) + B}$$

$$\approx \frac{A'_m}{B}\sin(\Phi'_m-\theta_m) - \frac{A'_n}{B}\sin(\Phi'_n-\theta_n) \approx \Omega \tag{6.3.8}$$

所以有干涉相位均值为

$$m_{\Phi^{\mathrm{str}}_{m,n}} = E(\Phi^{\mathrm{str}}_{m,n}) \approx E(\Omega+\theta_0) = \theta_0 + E(\Omega)$$

$$\approx \theta_0 + E\left[\frac{A'_m}{B}\sin(\Phi'_m-\theta_m) - \frac{A'_n}{B}\sin(\Phi'_n-\theta_n) \right]$$

$$= \theta_0 + E\left(\frac{s'_{sm}\cos\theta_m - s'_{cm}\sin\theta_m - s'_{sn}\cos\theta_n + s'_{cn}\sin\theta_n}{B} \right)$$

$$= \theta_0 + \frac{\cos\theta_m}{B}E(s'_{sm}) - \frac{\sin\theta_m}{B}E(s'_{cm}) - \frac{\cos\theta_{mn}}{B}E(s'_{sn}) + \frac{\sin\theta_n}{B}E(s'_{cn})$$

$$= \theta_0 \tag{6.3.9}$$

可以看出，含有强散射体的干涉图像相位均值就是强散射体的干涉相位。图 6.10 给出了不同相关系数下，干涉相位均值蒙特卡洛仿真结果和式(6.3.9)理论推导结果

的对比。

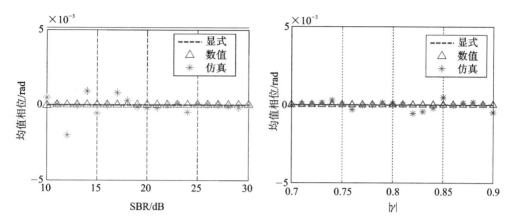

图 6.10　强点目标干涉相位的均值

计算 $\Phi_{m,n}^{\mathrm{str}}$ 的方差,有

$$D\left[\Phi_{m,n}^{\mathrm{str}}\right] \approx D\left(\Omega + \theta_0\right) = D(\Omega)$$

$$\approx E\left\{\left[\frac{A'_m}{B}\sin(\Phi'_m - \theta_m) - \frac{A'_n}{B}\sin(\Phi'_n - \theta_n)\right]^2\right\}$$

$$= E\left\{\left[\frac{A'_m}{B}\sin(\Phi'_m - \theta_m)\right]^2 + \left[\frac{A'_n}{B}\sin(\Phi'_n - \theta_n)\right]^2 - \right.$$

$$\left. 2\frac{A'_m}{B}\frac{A'_n}{B}\sin(\Phi'_m - \theta_m)\sin(\Phi'_n - \theta_n)\right\} \qquad (6.3.10)$$

因为

$$E\left\{\left[\frac{A'_m}{B}\sin(\Phi'_m - \theta_m)\right]^2\right\}$$

$$= \frac{1}{B^2}\left\{E\left[(s'_{sm})^2\right]\cos^2\theta_m + E\left[(s'_{sn})^2\right]\sin^2\theta_m - E(s'_{sm}s'_{sn})\cos\theta_m\sin\theta_m\right\}$$

$$= \frac{\sigma_{cm}^2}{B^2}$$

同理,有

$$E\left\{\left[\frac{A'_n}{B}\sin(\Phi'_n - \theta_n)\right]^2\right\} = \frac{\sigma_{cm}^2}{B^2}$$

$$E\left[2\frac{A'_m}{B}\frac{A'_n}{B}\sin(\Phi'_m - \theta_m)\sin(\Phi'_n - \theta_n)\right] = \frac{\sigma_{cm}^2\rho_{m,n}\cos(\phi_0 - \theta_0)}{B^2}$$

均代入式(6.3.10),得

$$D\left[\Phi_{m,n}^{\mathrm{str}}\right] \approx \frac{2\sigma_{cm}^2}{B^2}\left[1 - \rho_{m,n}\cos(\phi_0 - \theta_0)\right] \qquad (6.3.11)$$

可以看出,强点目标干涉相位随着信杂比和相关系数的增大而减小,图 6.11 给

出了不同相关系数下,干涉相位标准差蒙特卡洛仿真结果和式(6.3.11)理论推导结果的对比。

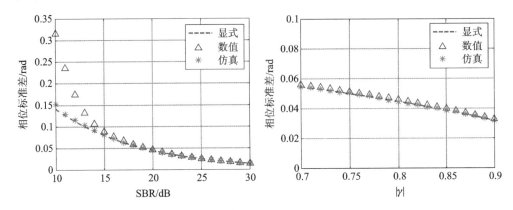

图 6.11　强点目标干涉相位的标准差

思考题：从本节的分析可以看出,信杂比和相关系数的增大,都会使得干涉相位的方差变小,概率密度函数更加集中在均值的周围。试说明信杂比和相关系数对相位统计特性影响的异同。

6.4　微波成像雷达干涉相位的统计特性应用

从第2章所给的SAR干涉测高和差分干涉测形变的原理可以看出,最核心的就是估计出与高程或形变有定量化关系的干涉相位,即SAR图像干涉相位的均值。这是一个典型的参数估计问题。下面简述参数估计中无偏估计及其克拉美-罗界的基本概念。

对于一组 N 个确定性的参数 $\boldsymbol{x}=[x_1,\cdots,x_N]^\mathrm{T}$,令 $\hat{\boldsymbol{x}}=[\hat{x}_1,\cdots,\hat{x}_N]^\mathrm{T}$ 为其一个估计量,如果有 $\boldsymbol{x}=E[\hat{\boldsymbol{x}}]$,则 $\hat{\boldsymbol{x}}$ 被称为是 $\boldsymbol{x}$ 的无偏估计。令 $\boldsymbol{e}_x=\hat{\boldsymbol{x}}-\boldsymbol{x}$ 为 $\hat{\boldsymbol{x}}$ 的估计误差,则有 $\boldsymbol{e}_x$ 的协方差矩阵 $\boldsymbol{C}_e$ 满足

$$C_e \geqq I_\mathrm{F}^{-1} \tag{6.4.1}$$

其中,≧表示矩阵中对应元素满足大于或等于的关系。$\boldsymbol{I}_\mathrm{F}$ 为 Fisher 信息矩阵,定义式为

$$I_\mathrm{F}=E\left\{\left[\frac{\partial \ln f_{y|x}(\boldsymbol{y}\mid\boldsymbol{x})}{\partial \boldsymbol{x}}\right]^\mathrm{T}\frac{\partial \ln f_{y|x}(\boldsymbol{y}\mid\boldsymbol{x})}{\partial \boldsymbol{x}}\right\} \tag{6.4.2}$$

其中,$\boldsymbol{y}$ 是用于估计的 $\boldsymbol{x}$ 观测量。$\boldsymbol{I}_\mathrm{F}^{-1}$ 被称为是无偏估计的克拉美-罗界,即估计误差方差的最小值。

最大似然估计是最常见的参数无偏估计方法,它是通过给出含有被估计参数的似然函数 $L(\boldsymbol{x})$,然后以似然函数最大对应的参数值作为估计值 $\hat{x} = \arg\max_x L(\boldsymbol{x})$。通常的似然函数都是以被估计参数作为参数的观测量的概率密度函数,这是因为似然函数的参数越精确,其观测量的取值的可能性就越大。

可以看出,无论是最大似然估计还是对估计误差克拉美-罗界的分析,都离不开对随机量概率密度函数或者统计特性的认知,下面就根据本章中给出的干涉相位的概率密度函数来分析干涉相位均值的最大似然估计和估计误差的克拉美-罗界。

6.4.1　在干涉相位均值估计中的应用——最大似然估计

K 视处理后,利用 N 幅图估计最长基线的干涉相位 ϕ_0,不妨设其为第一幅与第 N 幅图之间的干涉相位。对于均匀场景,利用式(6.2.37)给出的多视多幅 SAR 图像的概率密度函数构造似然函数为

$$f_{\mathrm{ML}}(\phi_0) = \ln\left[f_s(s_1^1, s_2^1, \cdots, s_N^1; s_1^2, s_2^2, \cdots, s_N^2; \cdots; s_1^K, s_2^K, \cdots, s_N^K \mid \phi_0)\right]$$

$$= \sum_{k=1}^{K} \ln\left[f_s(s_1^k, s_2^k, \cdots, s_N^k \mid \phi_0)\right]$$

$$= -K\ln\left[\pi^N |\boldsymbol{C}_{\widetilde{s}}|\right] - \sum_{k=1}^{K} \widetilde{\boldsymbol{s}}_k^{\mathrm{H}} \boldsymbol{C}_{\widetilde{s}}^{-1} \widetilde{\boldsymbol{s}}_k \qquad (6.4.3)$$

ϕ_0 的最大似然估计值 $\hat{\phi}_0$ 的计算式为

$$\left.\frac{\mathrm{d}f_{\mathrm{ML}}(\phi_0)}{\mathrm{d}\phi_0}\right|_{\phi_0=\hat{\phi}_0} = 0 \qquad (6.4.4)$$

下面具体计算 $f_{\mathrm{ML}}(\phi_0)$ 的一阶导数,并进一步求解方程式(6.4.4)。

对式(6.2.21a)给出的 $\boldsymbol{C}_{\widetilde{s}}$ 分解为幅度和相位矩阵的形式,得

$$\boldsymbol{C}_{\widetilde{s}} = \boldsymbol{\Phi}^* \boldsymbol{\gamma} \boldsymbol{\Phi} \qquad (6.4.5a)$$

其中,

$$\boldsymbol{\Phi} = \begin{bmatrix} 1 & 0 & \cdots & 0 \\ 0 & e^{ja_2\phi_0} & \cdots & 0 \\ \vdots & \vdots & & \vdots \\ 0 & 0 & \cdots & e^{j\phi_0} \end{bmatrix}, \quad \boldsymbol{\gamma} = 2\sigma_{c1}^2 \begin{bmatrix} 1 & \rho_{1,2} & \cdots & \rho_{1,N} \\ \rho_{1,2} & 1 & \cdots & \rho_{2,N} \\ \vdots & \vdots & & \vdots \\ \rho_{1,N} & \rho_{2,N} & \cdots & 1 \end{bmatrix} \qquad (6.4.5b)$$

式中:$a_n = \dfrac{B_{\mathrm{v1},n}}{B_{\mathrm{v1},N}}$ 是垂直基线之比,$B_{\mathrm{v1},n}$ 为第一幅图像与第 n 幅图像之间的垂直基线,$n=1,\cdots,N$。显然有 $|\boldsymbol{C}_{\widetilde{s}}| = |\boldsymbol{\Phi}^* \boldsymbol{\gamma} \boldsymbol{\Phi}| = |\boldsymbol{\Phi}^*||\boldsymbol{\Phi}||\boldsymbol{\gamma}| = |\boldsymbol{\gamma}|$ 与 ϕ_0 无关;$\boldsymbol{C}_{\widetilde{s}}^{-1} = (\boldsymbol{\Phi}^* \boldsymbol{\gamma} \boldsymbol{\Phi})^{-1} = \boldsymbol{\Phi}^{-1} \boldsymbol{\gamma}^{-1}(\boldsymbol{\Phi}^*)^{-1} = \boldsymbol{\Phi}^* \boldsymbol{\gamma}^{-1} \boldsymbol{\Phi}$。因此

$$\frac{\mathrm{d}f_{\mathrm{ML}}(\phi_0)}{\mathrm{d}\phi_0} = -\frac{\mathrm{d}}{\mathrm{d}\phi_0}\left[K\ln(\pi^N |\boldsymbol{C}_{\widetilde{s}}|) + \sum_{k=1}^{K} \widetilde{\boldsymbol{s}}_k^{\mathrm{H}} \boldsymbol{C}_{\widetilde{s}}^{-1} \widetilde{\boldsymbol{s}}_k\right]$$

$$
\begin{aligned}
&= -\frac{\mathrm{d}\sum\limits_{k=1}^{K}\tilde{\boldsymbol{s}}_k^{\mathrm{H}}\boldsymbol{\Phi}^{*}\,\boldsymbol{\gamma}^{-1}\boldsymbol{\Phi}\tilde{\boldsymbol{s}}_k}{\mathrm{d}\phi_0}\\
&= -\sum_{k=1}^{K}\left(\tilde{\boldsymbol{s}}_k^{\mathrm{H}}\boldsymbol{\Phi}^{*}(-\mathrm{j}\boldsymbol{\Lambda})\boldsymbol{\gamma}^{-1}\boldsymbol{\Phi}\tilde{\boldsymbol{s}}_k + \tilde{\boldsymbol{s}}_k^{\mathrm{H}}\boldsymbol{\Phi}^{*}\boldsymbol{\gamma}^{-1}\mathrm{j}\boldsymbol{\Lambda}\boldsymbol{\Phi}\tilde{\boldsymbol{s}}_k\right)\\
&= 2\mathrm{Re}\left(\sum_{k=1}^{K}\tilde{\boldsymbol{s}}_k^{\mathrm{H}}\boldsymbol{\Phi}^{*}\,\mathrm{j}\boldsymbol{\Lambda}\boldsymbol{\gamma}^{-1}\boldsymbol{\Phi}\tilde{\boldsymbol{s}}_k\right)\\
&= -2\mathrm{Im}\left(\sum_{k=1}^{K}\tilde{\boldsymbol{s}}_k^{\mathrm{H}}\boldsymbol{\Phi}^{*}\boldsymbol{\Lambda}\boldsymbol{\gamma}^{-1}\boldsymbol{\Phi}\tilde{\boldsymbol{s}}_k\right)
\end{aligned}
\tag{6.4.6}
$$

式中：$\boldsymbol{\Lambda}$ 为一对角阵，有

$$
\boldsymbol{\Lambda} = \begin{bmatrix} \alpha_1 & 0 & \cdots & 0 \\ 0 & \alpha_2 & \cdots & 0 \\ \vdots & \vdots & & \vdots \\ 0 & 0 & \cdots & \alpha_N \end{bmatrix} = \begin{bmatrix} 0 & 0 & \cdots & 0 \\ 0 & \alpha_2 & \cdots & 0 \\ \vdots & \vdots & & \vdots \\ 0 & 0 & \cdots & 1 \end{bmatrix}
$$

将式(6.4.5b)代入式(6.4.6)，继续进行矩阵相乘，得

$$
\frac{\mathrm{d}f_{\mathrm{ML}}(\phi_0)}{\mathrm{d}\phi_0} = -\frac{1}{\sigma_{c1}^2}\mathrm{Im}\left\{\sum_{k=1}^{K}\sum_{n=1}^{N}\sum_{l=1}^{N}\alpha_n s_n^{k*} s_l^{k}\exp\left[\mathrm{j}(\alpha_l - \alpha_n)\phi_0\right]\eta_{n,l}\right\}
\tag{6.4.7}
$$

式中：$\eta_{n,l}$ 为相关系数幅值矩阵逆阵在 n,l 的元素。令式(6.4.7)等于零，构造 ϕ_0 为未知数的方程，解方程就可得到 ϕ_0 的最大似然估计值。当 $N=2$ 时，有

$$
\boldsymbol{\Lambda} = \begin{bmatrix} 0 & 0 \\ 0 & 1 \end{bmatrix}, \quad \boldsymbol{\Phi} = \begin{bmatrix} 1 & 0 \\ 0 & \mathrm{e}^{\mathrm{j}\phi_0} \end{bmatrix}, \quad \boldsymbol{\gamma} = 2\sigma_{c1}^2\begin{bmatrix} 1 & \rho_{1,2} \\ \rho_{1,2} & 1 \end{bmatrix}
\tag{6.4.8}
$$

代入式(6.3.7)得最大似然估计构造的关于 ϕ_0 的方程为

$$
\mathrm{Im}\left(\sum_{k=1}^{K}\rho_{1,2}s_2^{k*}s_1^{k}\mathrm{e}^{-\mathrm{j}\phi_0} + s_2^{k*}s_2^{k}\right) = 0
\tag{6.4.9}
$$

当且仅当

$$
\hat{\phi}_0 = \arg\left(\sum_{k=1}^{K}s_1^{k}s_2^{k*}\right)
\tag{6.4.10}
$$

时，式(6.4.9)成立。所以，式(6.4.10)给出的就是两幅 SAR 图像干涉相位的最大似然估计。这也是为什么式(6.2.31)给出的 K 视平均计算干涉相位，需要先将两幅 SAR 图像共轭相乘，得到干涉复图像后再多点叠加，之后取幅角来得到。

图 6.12 给出了某机载 InSAR 系统的单视情况下两幅 SAR 图像的干涉相位。图 6.12(a)是利用最大似然估计得到的干涉相位，即两幅 SAR 复图像共轭相乘取幅角得到的干涉相位。图 6.12(b)给出了由两幅 SAR 图像的幅角相减得到的干涉相位。图像大小为 14 000×10 000，不考虑中间的水面区域，图 6.12(a)中噪声残差点数量为 3 299 623；图 6.12(b)中噪声残差点数量为 3 987 233。这说明了最大似然估

计法具有更好的估计精度。

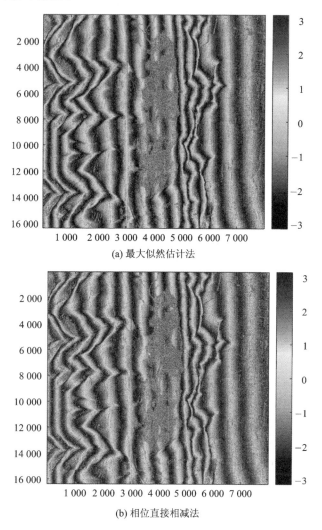

(a) 最大似然估计法

(b) 相位直接相减法

图 6.12　不同方法得到的干涉相位

思考题：阐述最大似然估计的含义，并说明概率密度函数作为似然函数时，相位估计性能与似然函数形状之间的关系。

6.4.2　在干涉相位精度分析中的应用——克拉美-罗界

根据式(6.4.1)和式(6.4.2)可得，N 幅图像干涉 K 视平均估计最长基线干涉相位 ϕ_0 的方差满足

$$\sigma_{\phi_0}^2 \geqslant \frac{1}{E\left\{\left[\dfrac{\mathrm{d}\ln\left[f_s(\widetilde{\boldsymbol{s}}\mid\phi_0)\right]}{\mathrm{d}\phi_0}\right]^2\right\}} = \frac{1}{-E\left\{\dfrac{\mathrm{d}^2\ln\left[f_s(\widetilde{\boldsymbol{s}}\mid\phi_0)\right]}{(\mathrm{d}\phi_0)^2}\right\}}$$

$$= \frac{1}{-E\left[\dfrac{\mathrm{d}^2 f_{\mathrm{ML}}(\phi_0)}{(\mathrm{d}\phi_0)^2}\right]} \tag{6.4.11}$$

式(6.4.6)进一步对 ϕ_0 求导,有

$$\frac{\mathrm{d}^2 f_{\mathrm{ML}}(\phi_0)}{(\mathrm{d}\phi_0)^2} = -\frac{\mathrm{d}^2\sum\limits_{k=1}^{K}\widetilde{\boldsymbol{s}}_k^{\mathrm{H}}\boldsymbol{\Phi}^*\boldsymbol{\gamma}^{-1}\boldsymbol{\Phi}\widetilde{\boldsymbol{s}}_k}{(\mathrm{d}\phi_0)^2}$$

$$= -\sum_{k=1}^{K}\left[\widetilde{\boldsymbol{s}}_k^{\mathrm{H}}\boldsymbol{\Phi}^*(-\mathrm{j}\boldsymbol{\Lambda})^2\boldsymbol{\gamma}^{-1}\boldsymbol{\Phi}\widetilde{\boldsymbol{s}}_k + 2\widetilde{\boldsymbol{s}}_k^{\mathrm{H}}\boldsymbol{\Phi}^*(-\mathrm{j}\boldsymbol{\Lambda})\boldsymbol{\gamma}^{-1}\mathrm{j}\boldsymbol{\Lambda}\boldsymbol{\Phi}\widetilde{\boldsymbol{s}}_k + \right.$$

$$\left. \widetilde{\boldsymbol{s}}_k^{\mathrm{H}}\boldsymbol{\Phi}^*\boldsymbol{\gamma}^{-1}(\mathrm{j}\boldsymbol{\Lambda})^2\boldsymbol{\Phi}\widetilde{\boldsymbol{s}}_k\right] \tag{6.4.12}$$

对(6.4.12)取数学期望,并且取矩阵的迹,有

$$E\left[\frac{\mathrm{d}^2 f_{\mathrm{ML}}(\phi_0)}{(\mathrm{d}\phi_0)^2}\right] = -\sum_{k=1}^{K}\mathrm{tr}\left\{E\left[\widetilde{\boldsymbol{s}}_k^{\mathrm{H}}\boldsymbol{\Phi}^*(-\mathrm{j}\boldsymbol{\Lambda})^2\boldsymbol{\gamma}^{-1}\boldsymbol{\Phi}\widetilde{\boldsymbol{s}}_k + 2\widetilde{\boldsymbol{s}}_k^{\mathrm{H}}\boldsymbol{\Phi}^*(-\mathrm{j}\boldsymbol{\Lambda})\boldsymbol{\gamma}^{-1}\mathrm{j}\boldsymbol{\Lambda}\boldsymbol{\Phi}\widetilde{\boldsymbol{s}}_k + \right.\right.$$

$$\left.\left. \widetilde{\boldsymbol{s}}_k^{\mathrm{H}}\boldsymbol{\Phi}^*\boldsymbol{\gamma}^{-1}(\mathrm{j}\boldsymbol{\Lambda})^2\boldsymbol{\Phi}\widetilde{\boldsymbol{s}}_k\right]\right\}$$

$$= -\sum_{k=1}^{K}\left\{2\mathrm{tr}\left[-\boldsymbol{\Lambda}^2\boldsymbol{\gamma}^{-1}\boldsymbol{\Phi}E(\widetilde{\boldsymbol{s}}_k\widetilde{\boldsymbol{s}}_k^{\mathrm{H}})\boldsymbol{\Phi}^*\right] + 2\mathrm{tr}\left[\boldsymbol{\Lambda}\boldsymbol{\gamma}^{-1}\boldsymbol{\Lambda}\boldsymbol{\Phi}E(\widetilde{\boldsymbol{s}}_k\widetilde{\boldsymbol{s}}_k^{\mathrm{H}})\boldsymbol{\Phi}^*\right]\right\}$$

$$= -\sum_{k=1}^{K}\left[2\mathrm{tr}(-\boldsymbol{\Lambda}^2\boldsymbol{\gamma}^{-1}\boldsymbol{\Phi}\boldsymbol{\Phi}^*\boldsymbol{\gamma}\boldsymbol{\Phi}\boldsymbol{\Phi}^*) + 2\mathrm{tr}(\boldsymbol{\Lambda}\boldsymbol{\gamma}^{-1}\boldsymbol{\Lambda}\boldsymbol{\Phi}\boldsymbol{\Phi}^*\boldsymbol{\gamma}\boldsymbol{\Phi}\boldsymbol{\Phi}^*)\right]$$

$$= -2K\left[\mathrm{tr}(-\boldsymbol{\Lambda}^2) + \mathrm{tr}(\boldsymbol{\Lambda}\boldsymbol{\gamma}^{-1}\boldsymbol{\Lambda}\boldsymbol{\gamma})\right] \tag{6.4.13}$$

所以有估计误差的克拉美-罗界 CRB 为

$$\sigma_{\phi_0}^2 \geqslant \mathrm{CRB} = \frac{1}{2K\left[\mathrm{tr}(\boldsymbol{\Lambda}\boldsymbol{\gamma}^{-1}\boldsymbol{\Lambda}\boldsymbol{\gamma}) - \mathrm{tr}(\boldsymbol{\Lambda}^2)\right]} \tag{6.4.14}$$

当 $N=2$ 时,将式(6.4.8)代入式(6.4.14)得到两幅图像 SAR 干涉相位估计的克拉美-罗界为

$$\mathrm{CRB} = \frac{1-\rho_{1,2}^2}{2K\rho_{1,2}^2} \tag{6.4.15}$$

图 6.13 给出了不同平均视数下,两幅 SAR 图像干涉相位估计的克拉美-罗界随相关系数的变化曲线。可以看出,随着相关系数和视数的增大,克拉美-罗界在减小,即干涉相位估计精度提升。

当垂直基线如图 6.14 所示均匀分布时,最长基线固定,图 6.15 给出了不同视数下,多幅 SAR 图像干涉相位的克拉美-罗界随基线数的变化曲线。可以看出,随着基线数和视数的增多,克拉美-罗界减小,干涉相位精度提升。

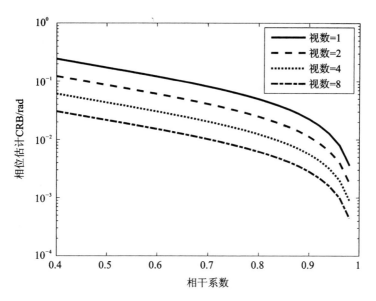

图 6.13 干涉相位估计的克拉美-罗界

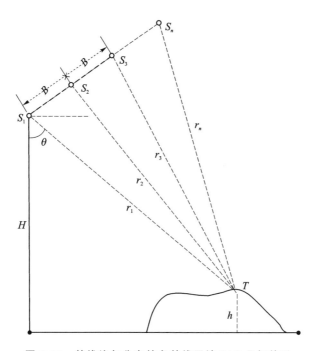

图 6.14 基线均匀分布的多基线干涉 SAR 几何关系

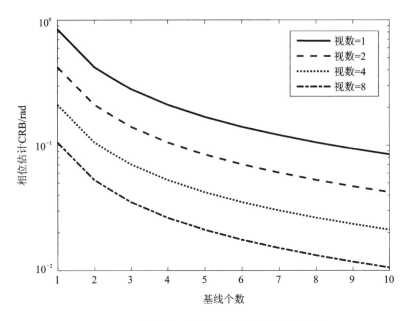

图 6.15　多基线干涉相位估计的克拉美-罗界

> 　　思考题：基线越多,相位估计精度越高;视数越大,相位估计精度越高。试解释为什么会有上述结论。

6.5　微波成像雷达干涉相位仿真及其统计结果分析

　　利用随书所附的"《微波成像雷达信号统计特性》配套软件",生成两幅 SAR 图像,结果如图 6.16(a)、(b)所示。对图 6.16 所示的两幅图像进行干涉处理,得到干涉相位如图 6.17(a)所示,四视数平均后的干涉相位如图 6.17(b)所示。干涉相位对应的统计直方图结果如图 6.18(a)、(b)所示。

　　可以看出仿真生成的图像信号统计特性的实际统计结果与理论分析相吻合。

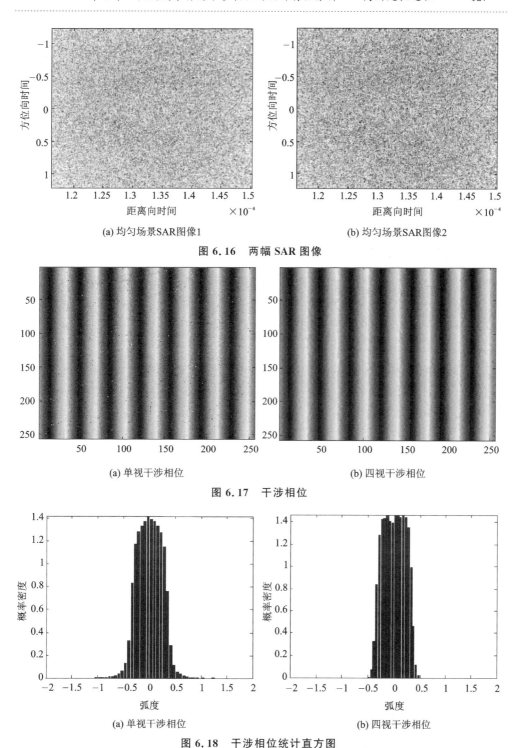

(a) 均匀场景SAR图像1   (b) 均匀场景SAR图像2

图 6.16 两幅 SAR 图像

(a) 单视干涉相位   (b) 四视干涉相位

图 6.17 干涉相位

(a) 单视干涉相位   (b) 四视干涉相位

图 6.18 干涉相位统计直方图

参考文献

[1] Ian G Cumming,Frank H Wong.合成孔径雷达成像——算法与实现[M].洪文，胡东辉，等译.北京:电子工业出版社,2012.

[2] Oliver C,Quegan S.合成孔径雷达图像理解[M].丁赤飚,陈杰,等译.北京:电子工业出版社,2009.

[3] Ulaby F T,Moore R K,Fung A K.雷达遥感和面目标的散射、辐射理论[M].黄培康,汪一飞,译.北京:科学出版社,1982.

[4] 徐传胜.从博弈问题到方法论学科[M].北京:科学出版社,2010.

[5] 周荫清.随机过程[M].3版.北京:北京航空航天大学出版社,2013.

[6] Yang B,Xu H P,Li S,et al. Joint Distribution of Interferometric Phases for Multibaseline InSAR[C]. IEEE International Geoscience and Remote Sensing Symposium,2018:1-4.

[7] Goodman N R. Statistical analysis based on a certain multivariate complex Gaussian distribution (an introduction)[J]. The Annals of mathematical statistics,1963,34(1):152-177.

[8] Lee J S,Hoppel K W,Mango S A,et al. Intensity and phase statistics of multi-look polarimetric and interferometric SAR imagery[J]. IEEE Transactions on Geoscience and Remote Sensing,1994,32(5):1017-1028.

[9] Porcello L J,Massey N G,Innes R B,et al. Speckle reduction in synthetic-aperture radars[J]. Journal of the Optical Society of America,1976,66(11):1305-1311.

[10] Rohling H. Radar CFAR Thresholding in Clutter and Multiple Target Situations[J]. IEEE Transactions on Aerospace & Electronic Systems,1983,19(4):608-621.

[11] Uhlig H. On Singular Wishart and Singular Multivariate Beta Distributions[J]. Annals of Statistics,1994,22(1):395-405.

[12] Xu H P,Chen W,Liu W,et al. Phase statistics for strong scatterers in SAR interferograms[J]. IEEE Geoscience and Remote Sensing Letters,2014,11(11):1966-1970.

[13] Long M W. Radar Reflectivity of Land and Sea[M]. Lexington:D. C. Heath and Company,1975.